安全与应急科普丛书

事故自救互救知识

"安全与应急科普丛书"编委会　编

U0250669

中国劳动社会保障出版社

图书在版编目（CIP）数据

事故自救互救知识/"安全与应急科普丛书"编委会编. -- 北京：中国劳动社会保障出版社，2022

（安全与应急科普丛书）

ISBN 978-7-5167-5347-7

Ⅰ.①事… Ⅱ.①安… Ⅲ.①自救互救-基本知识 Ⅳ.①X4

中国版本图书馆 CIP 数据核字（2022）第 100150 号

中国劳动社会保障出版社出版发行

（北京市惠新东街 1 号 邮政编码：100029）

*

北京市科星印刷有限责任公司印刷装订 新华书店经销

880 毫米×1230 毫米 32 开本 4.75 印张 98 千字

2022 年 8 月第 1 版 2023 年 6 月第 2 次印刷

定价：15.00 元

营销中心电话：400-606-6496

出版社网址：http://www.class.com.cn

"安全与应急科普丛书" 编委会

内 容 简 介

新时代的生产建设中，安全是至关重要的。为了保障生产安全，保证劳动者的生命健康、企业和国家的财产安全，除了要预防事故的发生，更要提升事故发生后的人员逃生和急救能力。劳动者了解事故自救互救知识，可以为事故后挽救生命、稳定伤员病情、减少伤员伤残率、减轻伤员痛苦和医院救治创造条件。

本书紧扣生产过程中不同的事故对人体造成的不同类别的伤害，详细介绍了劳动者在生产过程中应该了解的事故自救互救知识。本书内容主要包括：事故现场救援基础知识、常用急救技术知识、闭合性损伤及救助知识、开放性损伤及救助知识、其他损伤及救助知识、能量交换受损型损伤及救助知识、伤后康复保养知识等。

本书内容丰富，层次清楚，所写知识典型性、通用性强，文字编写浅显易懂，版式设计新颖活泼，可作为政府、相关行业管理部门和用人单位开展事故自救互救知识科普工作用书，也可作为广大群众增强事故自救互救意识、提高事故自救互救素质的普及性学习读物。

目　录

I

第 4 章　开放性损伤及救助知识

第 5 章　其他损伤及救助知识

第6章　能量交换受损型损伤及救助知识

第7章　伤后康复保养知识

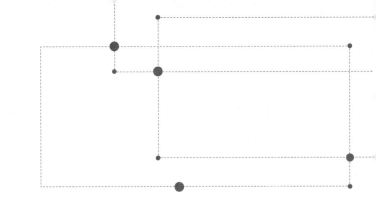

第1章

事故现场救援基础知识

1. 现场急救的基本原则及注意事项

生产现场急救,是指在劳动生产过程中,工作场所发生各种意外伤害事故、急性中毒、外伤或出现突发危重伤病员,而没有医务人员时,为了防止伤病员伤情恶化,减少伤病员痛苦和预防休克等所应采取的一种初步紧急救护措施,又称院前急救。

生产现场急救总的任务是采取及时有效的急救措施和技术,最大限度地减少伤病员的疾苦,降低致残率,减少死亡率,为医院抢救打好基础。

(1) 基本原则

1)先复后固的原则

在现场急救中,遇有心跳呼吸骤停又有骨折者,应首先进行口对口人工呼吸和胸外按压使伤病员心、肺、脑复苏,直至心跳呼吸恢复后,再进行骨折固定。

2)先止后包的原则

在现场急救中,如果遇有大出血又有创口者时,首先应立即用指压、止血带或药物等方法止血,再对创口进行消毒,最后对创口进行包扎。

3)先重后轻的原则

在现场急救中,如果同时遇有危重伤病员和伤势较轻的伤病员时,应优先抢救危重者。

4)先救后运的原则

发现伤病员时，应先救后运。在送伤病员到医院途中，不要停止抢救，应继续观察病、伤变化，减少颠簸，注意保暖，直至平安抵达最近医院。

5）急救与呼救并重的原则

在遇有成批伤病员，并且现场还有其他参与急救的人员时，要紧张而镇定地分工合作，急救和呼救可同时进行，以较快地争取到急救外援。

6）搬运与急救一致性的原则

危重伤病员的运送工作，应与急救工作同时进行，在途中应继续进行抢救工作，争取时间，减少伤病员不应有的痛苦和死亡。

（2）注意事项

1）先抢后救，应先使处于危险境地的伤病员尽快脱离险境，待将伤病员转移至安全地区再进行救治。

2）在化学品事故现场，无论伤病员还是救援人员都需要进行适当防护。特别是在重污染的场所进行救援工作时，救援人员必须做好个人防护，以免成为新的受害者。

3）避免直接接触伤病员的体液。

4）使用防护手套，并用防水胶布贴住损伤的皮肤。

5）急救前和急救后都要洗手，如果眼、口、鼻或者任何皮肤损伤处溅有伤病员的血液，应尽快用肥皂和水清洗，并前往医院救治。

6）进行口对口人工呼吸时，应尽量使用人工呼吸面罩。

2. 突发事故逃生知识

（1）火灾逃生

发生火灾时一定要保持镇定，不可惊慌失措、盲目逃跑或跳楼逃生。首先要了解自己所处的环境位置，及时掌握当时火势的大小和蔓延方向，再根据疏散指示标志选择逃生路线。

在疏散时，应当选择疏散楼梯间逃生，不能使用电梯，因为疏散楼梯间直通室外，封闭的楼梯间还具有一定的防烟、防火功能。逃生时，应从高楼层向低楼层沿墙壁前行，非上楼不可时，必须屏住呼吸，迅速通过楼梯层。

不同火灾情况下的避险方法：

1）当发现居所室外着火时，在开门前应当先用手触摸门把手。如果门把手温度很高，或有烟雾从门缝处泄漏至屋内，说明此时大火或烟雾已经封锁了房门出口，不能贸然打开房门。如果门把手温度正常、门缝处无泄漏烟雾，此时可以将门打开缝隙观察外面通道情况。开门时要注意用一只脚抵住门的下框，防止热气浪将门冲开，助长火势蔓延。在确认大火不会对自己构成威胁的情况下，应当尽快逃离火场。

2）如果离开房间发现起火地点在本楼层时，应尽快就近跑向与着火房间反方向的安全出口，并随手关上防火门。如果楼道已被烟气封锁或包围，应尽量降低身体的高度，可利用毛巾或衣服等捂住口鼻。逃生路线必须经过燃烧区时，最好预先将衣服用水润湿捂住口鼻、用湿毯子裹住全身或用湿衣服包住头部等裸露部位。

3）当大火和浓烟已封闭通道时，应立即退回室内，关闭房内的所有门窗，防止空气对流，以延迟火焰的蔓延速度。同时可以用布条堵塞门窗的缝隙，有条件时可用水浇在迎着火的门窗上来降低它的温度。

4）如果在较高楼层上进行呼救，一般地面上的人是听不到的。这种情况下应利用手机、电话等通信工具向外报警，以求得援助。若没有通信工具，也可从阳台或临街的窗户内向外发出求救信号，或向楼下抛扔沙发垫、枕头和衣物等软体信号物，夜间则可用打开手电、手机、应急照明灯等方式发出求救信号，帮助救援人员迅速锁定目标。

5）在得不到及时救援时，可以利用身边的绳索或床单、窗帘、衣服等自制简易救生绳，将绳子一端紧拴在牢固的门窗格或其他重物上，再顺着绳子滑下；也可利用建筑物外墙上的排水管、避雷针等逐层下降至地面或没有起火的楼层逃生；或者利用房内的门窗、天窗、阳台或竹竿等寻求其他逃生的途径。

6）当居室周围全部被火包围时也不要慌张，可充分利用室内设施进行自救，如躲进厕所内用毛巾塞紧门缝，打开水龙头把水泼洒在地上、门上降温，躲进放满水的浴缸内等，但千万不可躲进阁楼、床底、衣橱内避难。

7）如不得已可以就近逃到楼顶，但要站在楼顶的上风方向等待救援，千万不要跳楼逃生。若跳楼已是最后唯一的选择，处在低楼层时可采取跳楼的方法，但要掌握适当技巧，如有可能要尽量抱些棉被、沙发垫等松软物品，以减缓冲击力；如果徒手跳楼，一定要抓住窗台或阳台，使身体自然下垂，然后跳下，以尽量降低垂直距离，落地前要双手抱紧头部，身体弯曲，缩成一团，以减少伤害。

（2）爆炸逃生

在工业生产和人们的日常生活中，比较常见的爆炸事故主要有煤矿开采的瓦斯爆炸，烟花生产和燃放中导致的爆炸，生产和生活中的燃气爆炸。

1）瓦斯爆炸事故

①当听到或看到瓦斯爆炸时，应背向爆炸地点迅速卧倒，如眼前有水，应俯卧或侧卧于水中，并用湿毛巾捂住口鼻。

②距离爆炸中心较近的作业人员，在采取上述自救措施后，应设法迅速撤离现场，防止二次爆炸的发生。所有被困人员在事故发生后，应镇定有序地撤离危险区。

③瓦斯爆炸后，应立即切断通往事故地点的一切电源，马上恢复通风，设法扑灭各种明火和残留火，以防再次引起爆炸。

④因瓦斯爆炸产生的有毒有害气体而中毒者，应被及时转移到通风良好的安全地区。转移至安全地区后，首先应快速判断失去意识的人员是否还有呼吸，发现呼吸停止应立即在安全处进行心肺复苏，不要延误抢救时机。

2）烟花爆炸事故

①迅速扑灭伤员身上的火并将伤员救出现场，对手、眼、面部损伤做初步处理后送往医院。

②一旦被烟花爆竹炸伤，应立即用大量清水冲洗伤处15分钟进行降温和清洁（眼伤除外），并迅速送往医院，切勿涂抹牙膏、酱油等，防止感染。

③对于眼睛炸伤的处理，不要用水冲洗，尽量保存残留的组织，用清洁敷料遮盖双眼止血包扎，并迅速送往医院处理。

3）燃气泄漏爆炸事故

①发现异味时，立即开门窗通风，关闭燃气阀门，防护口鼻。

②不要开关电器。切勿开关灯、开关排风扇、开关抽油烟机，不要在气源附近打电话或手机，以免产生电火花，引燃、引爆可燃气体，而应在远离气体的地方拨打报警电话。

③不要使用明火。

④将伤员救出危险环境后再进行急救，如发现伤员呼吸停止，应立即进行人工呼吸。

⑤维持伤员生命体征，将其安全快速运往医院。

（3）地震逃生

震后的自救与互救是灾区群众性的救助行动，它的成效在于能够赢得抢救伤员的有利时机。在大致查明人员被埋情况后，应立即组织骨干力量，建立抢救小组，同时现场群众、部队等自动组织起来，就近分片展开抢救，采取先挖后救、挖救结合的原则，即开展对震区现场人员的搜寻、脱险、救护医疗一体化的整体救援工作。按抢挖、急救、运送进行合理分工，提高抢救工作效率。

地震发生在一瞬间，并不是抢救他人的时刻。当地震发生时，每一个人都应该当机立断，先保护自己，震后再及时救助他人。震后进行互救的原则是：先救近，后救远；先救易，后救难；先救青壮年和医务人员，以增加帮手。

当被压埋在废墟下时，最重要的是不能在精神上崩溃，生存需要勇气和毅力。被压埋时，还要谨防烟尘呛闷窒息的危险，可用毛巾、衣袖等捂住口鼻，尽快想办法摆脱困境；同时要设法避开身体上方不结实的倒塌物，并设法用砖石、木棍等支撑倒塌物，加固生存空间。当只能留在原地等待救援时，要听到外面有人时再呼喊，因为呼喊会消耗过多的体力，因此要尽量减少体力消耗，寻找一切可以充饥的食物，并利用一切办法与外面救援人员进行联系，如用敲击的方法示意自己被压埋的位置。

地震发生后，救援人员应积极参与救援工作，可将耳朵贴墙，检查是否有幸存者声音。挖掘埋在瓦砾中的伤员时，应先建立通风孔道，以防缺氧窒息、土埋窒息，使用工具挖掘时要注意伤员的安全，接近伤员时最好用手挖，以免使废墟下的伤员再受伤。挖到伤员时，应当先使伤员头面露出，并清除口、鼻腔内异物，保持呼吸道通畅。再对伤员进行基本检查，判断是否有意识、呼吸、循环体征等。从缝隙中缓慢将伤员救出时，要保持其脊柱水平轴线的稳定。

（4）井下透水逃生

1）井下一旦发生透水事故，应以最快的速度通知附近地区工作人员，使其能够一起按照规定的避灾路线撤离到新鲜风流中。撤离前，应设法将撤退的行动路线和目的地告知调度室，到达目的地后再次报告调度室。

2）要特别注意"人往高处走"，切不可进入透水点附近下方的独头巷道。由于透水时，水势很猛，冲击力很大，现场人员应立即避开出水口和泄水流，躲避到硐室内、巷道拐弯处或其他安全地点。若情况紧急来不及躲避，可抓牢棚梁、棚腿或其他固定物，防止被水冲倒或冲走。在存在有毒有害气体的环境下，一定要佩戴自救器。

3）现场人员撤出透水区域后，应立即将防水闸门紧紧关闭，以隔断水流。在撤退中，应靠巷道一侧，用手抓牢支架或其他固定物，尽量避开泄水主流，同时注意躲避水流中夹杂的矸石、木料。如果巷道中照明灯和路标被破坏，现场人员迷失了前进方向，应朝有风流的上山方向撤退。在撤退沿途和所经过的巷道交叉口，应留设指示行进方向的明显标志。攀爬立井竖梯时，应有序行进，手要抓牢，脚要蹬稳。撤退中，如冒顶或积水已造成巷道堵塞，可找其他通道撤出。

4）当唯一的出口被封堵时，应在现场指挥人员或有经验的老师傅的带领下躲进安全区域，等待救援人员的营救，严禁盲目潜水等冒险行为。

5）当避灾处的水位低于外部水位时，不得打开水管、压风管供风，以免水位上升。必要时，可设置挡墙或防护板，阻止涌水以及煤矸和有毒有害气体的侵入。避灾处外口应留衣物、矿灯等作为标志，以便救援人员发现。

6）重大透水事故的避难时间一般较长，应节约使用矿灯，合理安排随身携带的食物，保持安静，尽量避免不必要的体力消耗和氧气消耗，并采用各种方法与外部联系。长时间避难时，避难人员要轮流担任岗哨，注意观察外部情况，定期测量气体浓度，其余人员应静卧保持体力。避难人员较多时，硐室内可留一盏矿灯照明，其余矿灯应关闭备用。在硐室内，可有规律地间断敲击金属物、顶帮岩石，发出呼救联络信号，以引起救援人员的注意。在任何情况下，所有避难人员都要坚定信心，互相鼓励，保持镇定的情绪。被困期间断绝食物后，即

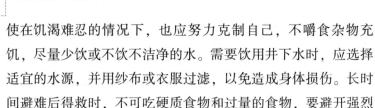

使在饥渴难忍的情况下，也应努力克制自己，不嚼食杂物充饥，尽量少饮或不饮不洁净的水。需要饮用井下水时，应选择适宜的水源，并用纱布或衣服过滤，以免造成身体损伤。长时间避难后得救时，不可吃硬质食物和过量的食物，要避开强烈的光线，以免损伤眼睛。

3. 现场急救基本步骤

当各种意外事故和急性中毒发生后，参与现场救护的人员要沉着、冷静，切忌惊慌失措。时间就是生命，应尽快对中毒或受伤人员进行认真仔细检查，确定伤情。检查内容包括伤员的意识、呼吸、脉搏、血压、瞳孔是否正常，有无出血、休克、外伤、烧伤，是否伴有其他损伤等。

总体来说，事故现场急救应按照紧急呼救、判断伤情和现场救护三大步骤进行。

(1) 紧急呼救

在事故现场发现了危重伤员，经过现场评估和伤情判断后需要立即救护，同时立即向专业急救机构或附近担负院外急救任务的医疗部门、社区卫生单位报告，常用的急救电话为120。由急救机构立即派出专业救护人员、救护车至现场抢救。

紧急呼救主要有以下三个步骤。

1）救护启动

救护启动即呼救系统的开始。呼救系统的畅通，在国际上被列为抢救危重伤员的生命链中的第一环。有效的呼救系统，对保障危重伤员获得及时救治至关重要。

应用无线电和电话呼救。通常急救中心配备有经过专门训练的话务员，能够对呼救作出迅速适当应答，并能把电话接到合适的急救机构。城市呼救网络系统的"通信指挥中心"，应当接收所有的医疗（包括灾难等意外伤害事故）急救电话，根据伤员所处的位置和伤情，指定就近的急救站去救护伤员，以节省时间，提高效率，便于伤员救护和转运。

2）呼救电话须知

紧急事故发生时，须报警呼救，最常使用的是呼救电话。使用呼救电话时必须要用最精炼、准确、清楚的语言说明伤员目前的情况及伤势，伤员的人数及现场存在的危险，以及需要何类急救。如果不清楚身处的位置，不要惊慌，因为专业急救机构控制室可以通过地球卫星定位系统追踪其正确位置。

一般应简要清楚地说明以下几点：

①你的（报告人）电话号码与姓名，伤员姓名、性别、年龄和联系电话。

②伤员所在的确切地点，尽可能指出附近街道的交汇处或其他显著标志。

③伤员目前最危重的情况，如昏倒、呼吸困难、大出血等。

④灾害事故、突发事件所导致的伤害性质、伤害严重程度、伤员的人数。

⑤现场所采取的救护措施。注意，先不要挂断电话，要等专业急救机构话务员先挂断电话。

3）单人及多人呼救

如遇意外伤害事故，要分配好救护人员各自的工作，分秒必争、组织有序地实施伤员的寻找、脱险、医疗救护工作。在专业急救人员尚未到达时，如果有多人在现场，应留一名救护人员在伤员身边开展救护，其他人则负责通知专业急救。

在伤员心脏骤停的情况下，为挽救生命，抓住"救命的黄金时刻"，应立即对伤员进行1~2分钟心肺复苏，然后迅速拨打呼救电话。及时接受心肺复苏，对任何年龄的呼吸暂停者，都是非常必要的。

(2) 判断伤情

在情况复杂的现场，救护人员需要首先通过检查伤员的意识、气道、呼吸、循环体征、瞳孔反应等确认伤员的伤情，并立即处理威胁生命的情况。判断危重伤情的方法在后文中有详细的叙述。

伤员的意识、呼吸、瞳孔等表象，是判断伤势轻重的重要标志。

1）意识

先判断伤员神志是否清醒。在呼唤、轻拍、推动伤员时，若伤员有睁眼或肢体运动等其他反应，表明伤员有意识；如伤员对上述刺激无反应，则表明意识丧失，已陷入危重状态。若伤员突然倒地，对周围人的呼喊无反应，说明伤员的伤情已十分严重。

2）气道

呼吸必要的条件是保持气道畅通。如伤员有反应但不能说话、不能咳嗽、憋气，说明可能存在气道梗阻，必须立即检查和清除堵塞，可以使伤员处于侧卧位来清除口腔异物。

3）呼吸

正常人每分钟呼吸 12~18 次，危重伤员呼吸会变快、变浅乃至不规则，呈叹息状。在气道畅通后，应对无意识的伤员进行呼吸检查，如伤员呼吸停止，应立即进行人工呼吸。

4）循环体征

在检查伤员意识、气道、呼吸之后，应对伤员的体内循环进行检查，如咳嗽、运动、皮肤颜色、脉搏情况等。

成人正常心跳每分钟 60~80 次。一般情况下，呼吸停止，心跳随之停止；或者心跳停止，呼吸也随之停止。心跳反映在手腕处的桡动脉、颈部的颈动脉处，这两处也是比较容易检测心跳的地方。

如果伤员心律失常，或者有严重的创伤、大失血时，会心跳加快，每分钟超过 100 次；或减慢，每分钟 40~50 次；或不规则，忽快忽慢、忽强忽弱，均为心脏呼救的信号，都应引起重视。若伤员面色苍白或青紫，口唇、指甲发绀，皮肤发冷等，说明伤员皮肤循环和氧代谢情况不佳。

5）瞳孔反应

眼睛的瞳孔又称"瞳仁"，位于黑眼球中央。正常时双眼的瞳孔是等大圆形的，遇到强光能迅速缩小，很快又恢复原状。当伤员晕倒时，可以用手电筒突然照射一下瞳孔，观察瞳孔的反应。如果伤员脑部受伤、脑出血、严重药物中毒，瞳孔可能缩小为针尖大小，也可能扩大到黑眼球边缘，对光线不起反应或反应迟钝；如果伤员出现脑水肿或脑疝，双眼瞳孔会变得一大一小，瞳孔的变化可以表示出脑病变的严重性。

当完成现场评估后，应对伤员的头部、颈部、胸部、腹部、盆腔和脊柱、四肢进行检查，观察有无开放性损伤、骨折畸形、触痛、肿胀等体征，有助于判断伤员的伤情。同时还要注意伤员的总体情况，如表情淡漠不语、冷汗口渴、呼吸急促、肢体不能活动等现象为病情危重的表现；对外伤伤员还应观察其神志不清程度、呼吸次数和强弱、脉搏次数和强弱；注意检查伤员有无活动性出血，如有应立即止血。

（3）现场救护

事故现场一般都很混乱，因此组织指挥特别重要。当事故发生时，应快速组成临时现场救护小组，统一指挥，加强事故现场一线救护，这是保证抢救成功的关键措施之一。

事故发生后，应避免慌乱，尽可能缩短伤后至抢救的时间。提高基本治疗技术是做好事故现场救护的关键，善于应用现有的先进科技手段，体现"立体救护、快速反应"的救护原则，是提高救护成功率的重中之重。

现场救护原则是先救命后治伤，先重伤后轻伤，先抢后救，抢中有救，先分类再运送，医护人员以救为主，其他人员以抢为主，各负其责，相互配合，尽快脱离事故现场，以免延误抢救时机。但同时现场救护人员还应注意自身防护。

所有救护人员，应牢记抢救垂危伤员的首要目的是救命。为此，实施现场救护的基本步骤可以概括如下。

1）采取正确的救护体位

对于意识不清者，取仰卧位或侧卧位，便于复苏操作及评估复苏效果，在可能的情况下，翻转为仰卧位（心肺复苏体位）时应放在坚硬的平面上，救护人员需要在检查后，进行心肺复苏。

若伤员没有意识但有呼吸和脉搏，为了防止呼吸道被舌后坠或唾液及呕吐物阻塞引起窒息，对伤员应采用侧卧位（复原卧式位），使唾液等容易从口中引流。侧卧位时应保持体位稳定，易于伤员翻转其他体位，同时应保持呼吸通畅，并勤观察呼吸道；每 30 分钟，翻转伤员侧卧至另一侧。

注意不要随意移动伤员，以免造成额外伤害。不要用力拖动、拉拽伤员，不要搬动和摇动已确定有头部或颈部外伤的伤员。有颈部外伤者在翻身时，为防止颈椎再次损伤引起截瘫，应派一人专门保持伤员头、颈部与身体在同一轴线，做好头、颈部的固定。

2）打开呼吸道

伤员呼吸心跳停止后，全身肌肉松弛，口腔内的舌肌可能因松弛下坠而阻塞呼吸道。采用开放呼吸道的方法，可使阻塞呼吸道的舌根上提、呼吸道通畅。

当伤员呼吸道阻塞时，救护人员应用最短的时间，先将伤员衣领口、领带、围巾等解开，戴上手套迅速清除伤员口鼻内的污泥、土块、痰、呕吐物等异物，以利于呼吸道通畅，再将呼吸道打开。打开呼吸道的方法主要有仰头举颌法、仰头抬颈法、双下颌上提法等，这些方法在后文还会进行叙述。

3）人工呼吸

①判断呼吸

救护人员将伤员气道打开，利用耳听、眼看、皮肤感觉在 5 秒内，判断伤员有无呼吸。侧头用耳听伤员口鼻的呼吸声（一听），用眼看胸部或上腹部随呼吸而上下起伏（二看），用面颊感觉呼吸气流（三感觉）。如果胸廓没有起伏，并且没有气体呼出，伤员即不存在呼吸，这一评估过程一般不超过 10 秒。

②人工呼吸

救护人员经检查后，判断伤员呼吸停止，应在现场立即给予口对口（口对鼻、口对口鼻）、口对呼吸面罩等人工呼吸救护措施。

4）心肺复苏

判断心跳（脉搏）应选大动脉测定脉搏有无搏动。触摸颈动脉或肱动脉，并在 5～10 秒内较迅速地判断伤员有无心跳。

①颈动脉：用一只手食指和中指置于颈中部（甲状软骨）中线，手指从颈中线滑向甲状软骨和胸锁乳突肌之间的凹陷，稍加用力即可触摸到颈动脉的搏动。检查颈动脉不可用力压迫，避免刺激颈动脉窦使得迷走神经兴奋，反射性地引起心跳停止，并且不可同时触摸双侧颈动脉，以防阻断脑部血液供应。

②肱动脉：肱动脉位于上臂内侧，肘和肩之间，稍加用力即可检查肱动脉是否有搏动。

救护人员判断伤员已无脉搏搏动，或在危急中不能判明心跳和脉搏是否停止时，不要反复检查耽误时间，而应立即在现场采取心肺复苏等措施进行及时救护。

5）紧急止血

救护人员要注意检查伤员有无严重出血的伤口，如有出血，应立即采取止血救护措施，避免因大出血造成休克而死亡。

6）局部检查

对于同一伤员，应先处理危及生命的全身症状，再处理局部症状。要从头部、颈部、胸部、腹部、背部、骨盆、四肢各部位进行检查，检查出血的部位和程度、骨折部位和程度、渗血部位、脏器脱出和皮肤感觉丧失的部位等。

　　首批进入现场的救护人员应对伤员及时作出分类，做好运送前医疗处置措施，指定专人负责运送，其他人可协助运送，使伤员在最短时间内获得必要治疗。而且在运送途中要保证对危重伤员进行不间断抢救，对某些特殊事故伤害的伤员应送专科医院。

4. 常见事故及损伤

　　常见的事故类型有 20 种，分别为：物体打击、车辆伤害、机械伤害、起重伤害、触电、淹溺、灼烫、火灾、高处坠落、坍塌、冒顶片帮、透水、放炮、瓦斯爆炸、火药爆炸、锅炉爆炸、容器爆炸、其他爆炸、中毒和窒息、其他伤害。

　　这 20 类常见事故类型，除了可能给人们带来财产损失外，还会对人的身体造成损伤。依据能量意外释放理论，事故对人体的伤害分为两类：一类伤害是由施加了局部或全身性损伤阈值的能量引起的，这类伤害分为闭合性损伤、开放性损伤、不易区分闭合和开放的其他损伤；第二类伤害是影响了局部或全身性能量交换引起的损伤，主要指中毒、窒息和冻伤。

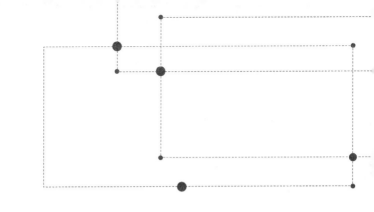

第 2 章

常用急救技术知识

5. 心肺复苏

心肺复苏术（CPR）是一种当呼吸和心跳停止时，合并使用人工呼吸及心外按摩来进行急救的技术。心肺复苏适用于由急性心肌梗死、脑卒中、严重创伤、电击伤、溺水、挤压伤、中毒等多种原因引起的呼吸、心搏骤停的伤病员。

如在心搏骤停4分钟内争分夺秒给予有效的心肺复苏，伤病员有可能会苏醒且不留下大脑和其他重要器官组织损害的后遗症；8分钟以内获得高级生命支持者，生存希望很大。在实际生产中，如果伤病员出现突然的意识丧失、呼吸停止、大动脉波动消失等症状，即可判断伤病员心搏骤停，应当立即启动心肺复苏。

（1）心肺复苏的基本步骤

实施心肺复苏时，首先判断伤病员是否有呼吸、心跳，一旦判定呼吸、心跳停止，应立即采取胸外心脏按压、开放气道、口对口人工呼吸等方法进行心肺复苏。

1）胸外心脏按压

通过触摸伤病员的颈动脉、肱动脉有无搏动，判定心跳是否停止，如无搏动，立即进行胸外心脏按压。实施胸外心脏按压的主要步骤如下：①用一只手的掌根按在伤病员胸骨下1/3段交界处；②另一只手压在该手的手背上，双手手指均应翘起，不能平压在胸壁上；③双肘关节伸直；④利用体重和肩臂力量垂直向下按压，使胸骨下陷4厘米；⑤略停顿后在原位放松，手掌根不能离开心脏定位点；⑥连续进行 15 次心脏按压；⑦口对口吹气 2 次后按压心脏 15 次。如此反复。

2）开放气道

用最短的时间，先将伤病员衣领口、领带、围巾等解开，戴上手套迅速清除伤病员口鼻内的污泥、土块、痰、呕吐物等异物，以利于呼吸道通畅，再将气道打开。

①仰头举颏法

A. 救护人员用一只手的小鱼际部位置于伤病员的前额并稍加用力使头后仰，另一只手的食指、中指置于下颏将下颌骨上提。

B. 救护人员手指不要深压颏下软组织，以免阻塞气道。

②仰头抬颈法

A. 救护人员用一只手的小鱼际部位放在伤病员前额，向下稍加用力使头后仰，另一只手置于颈部并将颈部上托。

B. 无颈部外伤可用此法。

③双下颌上提法

A. 救护人员双手手指放在伤病员下颌角，向上或向后方提起下颌。

B. 头保持正中位，不能使头后仰，不可左右扭动。

C. 适用于怀疑颈椎外伤的伤病员。

④手勾异物

A. 如伤病员无意识，救护人员用一只手的拇指和其他四指，握住伤病员舌和下颌后，掰开伤病员嘴并上提下颌。

B. 救护人员另一只手的食指沿伤病员口内插入。

C. 用勾取动作，抠出固体异物。

3）口对口人工呼吸

口对口人工呼吸是用救护人员的口呼吸协助伤病员呼吸的方法，是现场急救中对于呼吸骤停伤病员最简便有效的方法，其主要步骤如下：

①完成开放气道后，用身边现有的清洁布质材料盖在伤病员嘴上，防止传染病。

②左手捏住伤病员鼻孔（防止漏气）。

③救护人员先深吸一口气，用自己的口唇把伤病员的口唇包住，向伤病员嘴里吹气。吹气的同时用余光观察伤病员的胸部，如看到伤病员的胸部膨起，表明吹气的力度合适。吹气后待伤病员膨起的胸部自然回落后，再深吸一口气重复吹气，反复进行。

④每分钟吹气 10~12 次。

（2）实施心肺复苏的注意事项

1）进行人工呼吸注意事项

①人工呼吸一定要在气道开放的情况下进行。

②向伤病员肺内吹气不能太急太多，仅需胸廓隆起即可，吹气量过大会引起胃扩张。

③吹气时间以占一次呼吸周期的 1/3 为宜。

2）进行心脏复苏注意事项

①防治复苏并发症。复苏并发症有急性胃扩张、肋骨或胸骨骨折、肋骨软骨分离、气胸、血胸、肺损伤、肝破裂、冠状动脉刺破（心脏内注射时）、心包压塞、胃内返流物误吸或吸入性肺炎等，故要求救护人员判断准确、监测严密、处理及时、操作规范。

②心脏按压与放松时间比例和按压频率。过去认为按压时

间占每一次按压和放松周期的 1/3，放松时间占 2/3。试验研究证明，当心脏按压及放松时间各占 1/2 时，心脏射血量最多，而且按压频率由 60~80 次/分增加到 80~100 次/分时，可使血压短期上升 60~70 毫米汞柱，有利于心脏复跳。

③心脏按压用力要均匀，不可过猛，按压和放松所需时间相等。

A. 每次按压后必须完全解除压力，使胸部回到正常位置。

B. 心脏按压节律、频率不可忽快、忽慢，保持正确的按压位置。

C. 心脏按压时，观察伤病员反应及面色的改变。

(3) 心肺复苏对伤病员有效的表现

对于神志不清的伤病员，观察其脑活动的主要指标有五个方面：瞳孔变化、睫毛反射、挣扎表现、肌肉张力和自主呼吸。这些都是脑活动复苏最基本的征象。如果伤病员有上述任一表现，就可表明有携带充分氧气的血液流向大脑，并保护脑组织免于损伤。

心肺复苏效果主要看以下五个方面：

1）颈动脉搏动。心脏按压有效时，可随每次按压触及一次颈动脉搏动，血压为 5.3~8 千帕（40~60 毫米汞柱）左右，说明心脏按压方法正确。若停止按压，脉搏仍有搏动，说明伤病员自主心跳已恢复。

2）面色转红润。复苏有效时，伤病员面色、口唇等颜色由苍白或紫绀转变为红润。

3）意识逐渐恢复。复苏有效时，伤病员昏迷变浅，眼球活动，出现挣扎，或给予强刺激后出现保护性反射活动，甚至手足开始活动，肌张力增强。

4）出现自主呼吸。救护人员应注意观察，有时很微弱的自主呼吸不足以满足肌体供氧需要，如果不进行人工呼吸，则很快又会停止呼吸。

5）瞳孔变小。复苏有效时，伤病员扩大的瞳孔会变小，并出现对光反射。

（4）心肺复苏可以停止的征象

在心肺复苏中出现如下征象者可考虑停止心肺复苏。

1）脑死亡。脑死亡系指全脑功能丧失，不能恢复，又称不可逆昏迷。发生脑死亡即意味着生命终止，即使有心跳，也不会长久维持。所以一旦出现脑死亡即可停止抢救，以免消耗不必要的人力、物力和财力。出现下列情况可认定为脑死亡：

①深度昏迷，对疼痛刺激无任何反应，无自主活动。

②自主呼吸停止。

③瞳孔固定。

④脑干反射消失，包括瞳孔对光反射、吞咽反射、头眼反射（即娃娃眼现象，将伤病员头部向双侧转动，眼球相对保持原来位置不动，若眼球随头部同步转动，即为反射阳性，但颈脊髓损伤者禁此项检查）、眼前庭反射（头前屈30度，将20~50毫升冰水快速注入伤病员外耳道，出现灌注侧反方向的眼震快相，双耳依次检查，未见眼球震颤）等。

⑤具备上述条件且24小时内无变化时，方可做出脑死亡判定。

2）经过正规的心肺复苏20~30分钟后，仍无自主呼吸，瞳孔散大，对光反射消失，即标志生物学死亡，可终止抢救。

3）心跳呼吸停止 30 分钟以上，肛温接近室温，出现尸斑。

6. 自动体外除颤器的使用

自动体外除颤器（AED）是一种便携式的医疗设备，可以用来诊断特定的心律失常，并且给予电击除颤，是一种可以被非专业人员用于对心脏骤停伤员进行抢救的医疗设备。自动体外除颤器的使用方法如下：

（1）开启自动体外除颤器，打开盖子，在不影响心肺复苏操作的前提下，严格按照自主体外除颤器的语音提示操作。

（2）撕开包装，取出贴片。

（3）将贴片贴在伤病员上胸部裸露的皮肤上。

（4）再取出一贴片，按指示贴在伤病员下胸部裸露的皮肤上。

（5）停止心肺复苏，按下自动体外除颤器的"分析"键，自动体外除颤器分析心率过程中不要触碰伤病员。

（6）分析完成后，自动体外除颤器会发出是否进行除颤的建议，若建议除颤，则自动体外除颤器开始充电。

（7）由操作者按下放电按钮，进行电击。

（8）电击完成后，进行 30 次胸外按压、2 次人工呼吸。

（9）按照机器提示操作直至专业人员赶到。

（10）如首次除颤后伤病员仍未恢复，机器会自动逐步升级电击能量，展开第二、第三次除颤，重复上述流程。

在心跳骤停时，只有在最佳抢救时间的"黄金 4 分钟"内，利用自动体外除颤器对伤病员进行除颤、人工呼吸和胸外按压，才是最有效制止猝死的办法。伤病员在水中不能使用自动体外除颤器，伤病员胸部如有汗水需要快速擦干胸部，因为水会降低自动体外除颤器的功效。

7. 止血

外伤出血分为内出血和外出血。内出血需要到医院救治，而外出血是现场急救重点。理论上外出血分为动脉出血、静脉出血、毛细血管出血。动脉出血时，血色鲜红，有搏动，血量多，流速快；静脉出血时，血色暗红，缓慢流出；毛细血管出血时，血色鲜红，缓慢渗出。若在现场能够鉴别，应立即选择合适的止血方法，但有时受现场的光线等条件的限制，往往难以区分。

现场止血术常用的有五种，使用时要根据具体情况进行选择，力求达到最快、最有效、最安全的止血目的。

(1) 指压动脉止血法

指压动脉止血法的方法是用手指压迫伤口近心端动脉，将动脉压向深部的骨头，阻断血液流通。这是一种不需要任何器械，简便、有效的止血方法，适用于头部和四肢某些部位的大出血。但因为止血时间短暂，这种方法常需要与其他方法结合进行。

1）头面部指压动脉止血法

①指压颞浅动脉（也称耳前动脉）止血法，适用于一侧头顶、额部、颞部的外伤大出血。具体做法为在伤侧耳前，用一只手的拇指对准下颌关节压迫颞浅动脉，另一只手固定伤员头部，如图 2-1 所示。

②指压面动脉止血法，适用于面部外伤大出血。具体做法为用一只手的拇指和食指或拇指和中指分别压迫双侧下颌角前约 1 厘米的凹陷处，阻断面动脉血流，如图 2-2 所示。

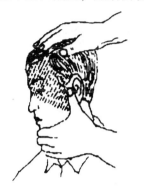

图 2-1　指压颞浅动脉止血法　　图 2-2　指压面动脉止血法

③指压耳后动脉止血法，适用于一侧耳后外伤大出血。具体做法为用一只手固定伤员头部，另一只手的拇指压迫伤侧耳后乳突下凹陷处，阻断耳后动脉血流，如图 2-3 所示。

④指压枕动脉止血法，适用于一侧头后枕骨附近外伤大出血。具体做法为用一只手固定伤员头部，另一只手的四指压迫耳后与枕骨粗隆之间的凹陷处，阻断枕动脉的血流，如图 2-4 所示。

2）四肢指压动脉止血法

①指压肱动脉止血法，适用于一侧肘关节以下部位的外伤

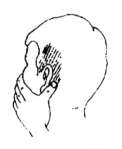

图2-3 指压耳后动脉止血法

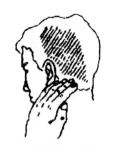

图2-4 指压枕动脉止血法

大出血。用一只手固定伤员手臂，另一只手的拇指压迫上臂中段内侧，阻断肱动脉血流，如图2-5所示。

图2-5 指压肱动脉止血法

②指压桡、尺动脉止血法，适用于手部大出血。具体做法为用手指分别压迫伤侧手腕两侧的桡动脉和尺动脉，阻断血流，如图2-6所示。

③指压指（趾）动脉止血法，适用于手指（脚趾）大出血。具体做法为用拇指和食指分别压迫手指（脚趾）两侧的（趾）动脉，阻断血流，如图2-7所示。

④指压股动脉止血法，适用于一侧下肢的大出血。具体做法为用两手的拇指用力压迫伤肢腹股沟中点稍下方的股动脉，阻断股动脉血流，如图2-8所示。此时伤员应该处于坐位或卧位。

⑤指压胫前、后动脉止血法，适用于一侧脚的大出血。具体做法为用两手的拇指和食指分别压迫伤脚足背中部搏动的胫前动脉及足跟与内踝之间的胫后动脉，如图2-9所示。

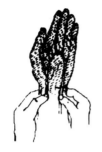

图 2-6　指压桡、尺动脉止血法　　图 2-7　指压指（趾）动脉止血法

图 2-8　指压股动脉止血法　　图 2-9　指压胫前、后动脉止血法

（2）直接压迫止血法

直接压迫止血法，适用于较小伤口的出血。具体做法为用无菌纱布直接压迫伤口处，压迫约 10 分钟，阻断血液流通。

（3）加压包扎止血法

加压包扎止血法，适用于各种伤口，是一种比较可靠的非手术止血法。具体做法为先用无菌纱布覆盖压迫伤口，再用三角巾或绷带用力包扎，包扎范围应该比伤口略大。这是一种目前最常用的止血方法，在没有无菌纱布时，可使用消毒卫生纸或餐巾等替代。

（4）填塞止血法

填塞止血法，适用于较大而深的伤口。具体做法为先用镊子夹住无菌纱布塞入伤口内。如一块纱布较小无法止血，可再加纱布，最后用绷带或三角巾加压包扎固定。

（5）止血带止血法

止血带止血法只适用于四肢大出血，其他止血法不能止血时才用此法。止血带有橡皮止血带（橡皮条和橡皮带）、布制止血带和气压止血带（如血压计袖带），其操作方法各不相同。

1）橡皮止血带止血法

先用左手的拇指、食指和中指紧握距带端约 10 厘米处，使手背向下放在扎止血带的部位，右手持带中段绕伤肢一圈半，然后将带塞入左手的食指与中指之间，左手的食指与中指紧夹一段止血带向下牵拉，使之勾成一个活结，外观呈 A 字形，如图 2-10 所示。

图 2-10　橡皮止血带止血法

2）布制止血带止血法

先将三角巾折成带状或将其他布带绕伤肢一圈，打个蝴蝶结；取一根小棒穿在布带圈内，提起小棒拉紧，将小棒依顺时针方向绞紧，将绞棒一端插入蝴蝶结环内，最后拉紧活结并与另一头打结固定，如图 2-11 所示。

3）气压止血带止血法

血压计袖带是较常使用的气压止血带，因其操作方法比较简单，只需将袖带绕在扎止血带的部位，然后打气至伤口停止出血即可。

4）使用止血带的注意事项

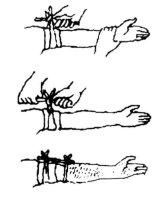

图 2-11　布制止血带止血法

①部位。上臂外伤大出血应扎在上臂上 1/3 处；前臂或手大出血应扎在上臂下 1/3 处，不能扎在上臂的中部，因该处神经贴近肱骨，易被损伤；下肢外伤大出血应扎在股骨中下 1/3 交界处。

②衬垫。使用止血带的部位应该有衬垫，否则会损伤皮肤。止血带可扎在衣服外面，将衣服当作衬垫。

③松紧度。止血带的松紧应以出血停止、远端摸不到脉搏为宜。过松达不到止血目的，过紧会损伤机体组织。

④时间。止血带的使用一般不应超过 5 小时，原则上每小时要放松 1 次，放松时间为 1~2 分钟。

⑤标记。使用止血带者应有明显标记贴在前额或胸前易发现部位，标记上应写明止血带的使用时间。如立即送往医院，可以不写标记。

8. 绷带包扎

包扎的目的是保护伤口、减少污染、固定敷料和帮助止血，常用的包扎工具有绷带和三角巾。无论何种包扎法，均要求达到包好后固定不移动和松紧适度的效果，并尽量注意无菌操作。

绷带法有环形包扎法、螺旋形包扎法、螺旋反折包扎法、头顶双绷带包扎法和"8"字形包扎法等。包扎时要掌握好"三点一走行"，即绷带的起点、止血、着力点（多在伤处）和行走方向的顺序，以达到既牢固又不能太紧的效果。包扎伤臂或伤腿时，要尽量设法露出手指尖或脚趾尖，以便观察血液循环。由于绷带用于胸、腹、臀、会阴等部位时效果不好，容易滑脱，所以绷带包扎一般用于四肢和头部伤。

（1）环形包扎法

将绷带卷放在需要包扎位置稍上方，第一圈作稍斜缠绕，第二、第三圈作环形缠绕，并将第一圈斜出的带角压于环形圈内，然后重复缠绕，最后在绷带尾端撕开打结固定或用别针、胶布将尾部固定，如图 2-12 所示。

图 2-12　环形包扎法

（2）螺旋形包扎法

先环形包扎数圈，然后将绷带渐渐地斜旋上升缠绕，每圈盖过前圈的 1/3 至 2/3 成螺旋状，如图 2-13 所示。

（3）螺旋反折包扎法

先作两圈环形固定，再作螺旋形包扎，待到渐粗处，一手拇指按住绷带上端，另一手将绷带自此点反折向下，此时绷带上缘变成下缘，后圈覆盖前圈 1/3 至 2/3，如图 2-14 所示。此法主要用于包扎粗细不等的四肢，如前臂、小腿或大腿等。

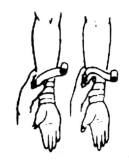

图 2-13　螺旋形包扎法　　　图 2-14　螺旋反折包扎法

（4）头顶双绷带包扎法

将两条绷带连在一起，打结处包在头后部，分别经耳上向前于额部中央交叉。然后，第一条绷带经头顶到枕部，第二条绷带反折绕回到枕部，并压住第一条绷带；第一条绷带再从枕部经头顶到额部，第二条则从枕部绕到额部，再将第一条压住，如此反复缠绕，形成帽状，如图 2-15 所示。

（5）"8"字形包扎法

于关节上下将绷带一圈向上、一圈向下作"8"字形反复缠绕，如图 2-16 所示。此法适用于四肢各关节处的包扎，如锁骨骨折的包扎。目前已有专门的锁骨固定带可直接使用。

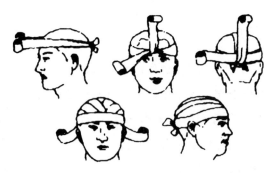

图 2-15　头顶双绷带包扎法

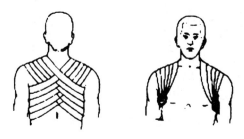

图 2-16　"8"字形包扎法

（6）注意事项

1）伤口上要加盖敷料，不要在伤口上使用弹力绷带。

2）不要将绷带缠绕过紧，应经常检查肢体血运情况。

3）有绷带过紧的体征（手、足的甲床发紫；绷带缠绕肢体远心端皮肤发紫，有麻感或感觉消失；严重者手指、脚趾不能活动）时，应立即松开绷带，重新缠绕。

4）不要将绷带缠绕手指、脚趾末端，除非有损伤。

9. 三角巾包扎

　　三角巾包扎具有操作简单、方便，且几乎能适应全身各个部位的优点，可分为普通三角巾（图 2-17）和带式、燕尾式三角巾（图 2-18）。目前某些急救包体积小（仅一块普通肥皂大小），能防水，其内包括一块无菌普通三角巾和加厚的无菌敷料，使用十分方便。

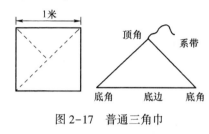

图 2-17　普通三角巾

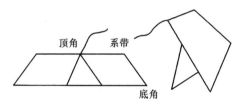

图 2-18　带式、燕尾式三角巾

（1）三角巾的头面部包扎法

　　1）三角巾风帽式包扎法。具体操作方法为先将消毒纱布覆盖在伤口上，再将三角巾顶角打结放在前额正中，在底边的中点打结放在枕部，然后两手拉住两底角向下颌包住并交叉，最后再绕到颈后的枕部打结，如图 2-19 所示。此方法适用于包扎头顶部和两侧面、枕部的外伤。

图 2-19　三角巾风帽式包扎法

2）三角巾帽式包扎法。具体操作方法为先用无菌纱布覆盖伤口，然后把三角巾底边的正中点放在伤员眉间上部，顶角经头顶拉到脑后枕部，再将两底角在枕部交叉返回到额部中央打结，最后拉紧顶角并反折塞在枕部交叉处，如图 2-20 所示。

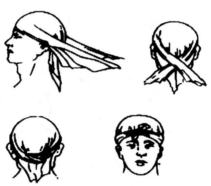

图 2-20　三角巾帽式包扎法

3）三角巾面具式包扎法。具体操作方法为将三角巾一折为二，顶角打结放在头顶正中，两手拉住底角罩住面部，然后将两底角拉向枕部交叉，最后在前颏部打结，并在眼、鼻和口处提起三角巾剪成小孔，如图 2-21 所示。此方法适用于面部较大范围的伤口，如面部烧伤或较广泛的软组织伤。

图 2-21　三角巾面具式包扎法

4）单眼三角巾包扎法。具体操作方法为将三角巾折成带状，其上 1/3 处盖住伤眼，下 2/3 从耳下端绕经枕部向健侧耳上额部并压住上端带巾，再绕经伤侧耳上、枕部至健侧耳上与带巾另一端在健耳上打结固定，如图 2-22 所示。

图 2-22　单眼三角巾包扎法

5）双眼三角巾包扎法。具体操作方法为将无菌纱布覆盖在伤眼上，用带形三角巾从头后部拉向前从眼部交叉，再绕向枕下部打结固定，如图 2-23 所示。

6）下颌、耳部、前额或颞部小范围伤口三角巾包扎法。具体操作方法为将无菌纱布覆盖在伤部，将带形三角巾放在下颌处，双手持带巾两底角经双耳分别向上提，长的一端绕头顶与短的一端在颞部交叉，再将短端经枕部、对侧耳上至颞侧与长端打结固定，如图 2-24 所示。

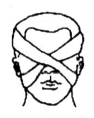

图 2-23　双眼三角巾包扎法

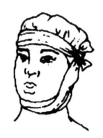

图 2-24　下颌三角巾包扎法

（2）胸背部三角巾包扎法

具体操作方法为将三角巾底边向下，绕过胸部以后在背后打结，其顶角放在伤侧肩上，系带穿过三角巾底边并打结固定，如图 2-25 所示。如为背部受伤，包扎方向相同，只需在前后面交换位置即可。若为锁骨骨折，则用两条带形三角巾分别包绕两个肩关节，在后背打结固定，再将三角巾的底角向背后拉紧，在两肩过度后张的情况下，在背部打结。

（3）上肢三角巾包扎法

具体操作方法为先将三角巾平铺于伤员胸前，顶角对着肘关节稍外侧，与肘部平行，屈曲伤肢，并压住三角巾，然后将三角巾下端提起，两端绕到颈后打结。顶角反折用别针扣住，

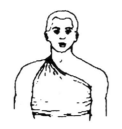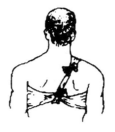

图 2-25　胸背部三角巾包扎法

如图 2-26 所示。

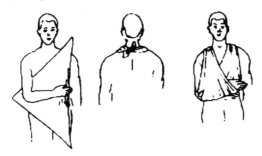

图 2-26　上肢三角巾包扎法

（4）肩部三角巾包扎法

　　具体操作方法为先将三角巾放在伤侧肩上，顶角朝下，两底角拉至对侧腋下打结，然后救护人员一手持三角巾底边中点，另一手持顶角，将三角巾提起拉紧，再将三角巾底边中点由前向下、向肩后包绕，最后顶角与三角巾底边中点于腋窝处打结固定，如图 2-27 所示。

（5）腋窝三角巾包扎法

　　具体操作方法为先在伤侧腋窝下垫上消毒纱布，带巾中间

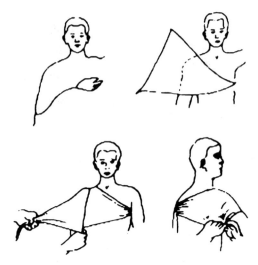

图 2-27　肩部三角巾包扎法

压住敷料,并将带巾两端向上提,于肩部交叉,并经胸背部斜向对侧腋下打结。

(6) 下腹及会阴部三角巾包扎法

具体操作方法为将三角巾底边包绕腰部打结,顶角兜住会阴部在臀部打结固定;或将两条三角巾顶角打结,连接结放在伤员腰部正中,上部两端围腰打结,下部两端分别缠绕两大腿根部并与相对底边打结,如图 2-28 所示。

(7) 残肢三角巾包扎法

具体操作方法为先用无菌纱布包裹残肢,再将三角巾铺平,残肢放在三角巾上,使其对着顶角,并将顶角反折覆盖残肢,再将三角巾底角交叉,绕肢打结,如图 2-29 所示。

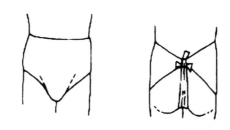

图 2-28　下腹及会阴部三角巾包扎法

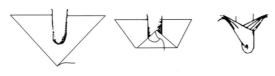

图 2-29　残肢三角巾包扎法

10. 骨折固定

　　骨折是人们在生产、生活中常见的损伤，为了避免骨折的断端对血管、神经、肌肉及皮肤等组织的损伤，减轻伤员的痛苦，以及便于搬动与转运伤员，凡发生或怀疑有骨折的伤员，均必须在现场立即采取临时固定措施。常用的骨折固定方法有：

（1）肱骨（上臂）固定法

1）夹板固定法

　　用两块夹板分别放在上臂内外两侧（如只有一块夹板，放在上臂外侧），用绷带或三角巾等将上下两端固定；肘关节屈曲 90 度，前臂用小悬臂带悬吊。

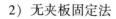

2）无夹板固定法

将三角巾折叠成 10~15 厘米宽的条带，其中央正对患处，将上臂固定在躯干上，于对侧腋下打结；屈肘 90 度，再用小悬臂带将前臂悬吊于胸前。

（2）尺、桡骨（前臂）固定法

1）夹板固定法

用两块长度超过肘关节至手心的夹板分别放在前臂的内外侧（只有一块夹板，则放在前臂外侧）并在手心放好衬垫，让伤员握好，以使腕关节稍向背屈，再固定夹板上下两端，屈肘 90 度，用大悬臂带悬吊，手略高于肘。

2）无夹板固定法

用大悬臂带将前臂悬吊于胸前，手略高于肘；再用一条三角巾将上臂带一起固定于胸部，在健侧腋下打结。

（3）股骨（大腿）固定法

1）夹板固定法

伤员仰卧，伤腿伸直。用两块夹板（内侧夹板长度为上至大腿根部，下过足跟；外侧夹板长度为上至腋窝，下过足跟）分别放在伤腿内外两侧（只有一块夹板则放在伤腿外侧），并将健肢靠近伤肢，使双下肢并列，两足对齐。关节处及空隙部位均放置衬垫，用 5~7 条三角巾或布带先将部位的上下两端固定，然后分别在腋下、腰部、膝、踝等处固定。足部用三角巾呈"8"字形固定，使足部与小腿呈直角。

2）无夹板固定法

伤员仰卧，伤腿伸直，健肢靠近伤肢，双下肢并列，两足对齐。在关节处与空隙部位之间放置衬垫，用5~7条三角巾或布条将两腿固定在一起（先固定部位的上、下两端）。足部用三角巾呈"8"字形固定，使足部与小腿呈直角。

（4）脊柱固定法

当伤员的脊柱骨折时，此时不得轻易搬动伤员，严禁一人抱头、另一个人抬脚等不协调的动作。如伤员俯卧时，可用"工"字夹板固定，将两横板压住竖板分别横放于两肩上及腰骶部，在脊柱的凹凸部位放置衬垫，先用三角巾或布带固定两肩，再固定腰骶部。现场处理原则是，背部受到剧烈的外伤时，绝不能试着让伤员做一些活动，以此判断有无损伤，一定要就地固定。

（5）头颅部固定法

固定头颅的主要目的是保持局部的稳固，在检查、搬动、转运等过程中，力求头颅部不受到新的外界的影响而加重局部损伤。具体做法是，伤员静卧，头部可稍垫高，头颅部两侧放两个较大、硬实的枕头或沙袋等物将其固定住，以免搬动、转运时局部晃动。

（6）注意事项

1）如有开放伤，必须先止血，再包扎，最后再进行固定，此顺序绝不可颠倒。

2）下肢或脊柱骨折，应就地固定，尽量不要移动伤员。

3）四肢固定时，应先固定近端，再固定远端，如顺序相反，可能会导致再度移位。夹板必须扶托整个伤肢，使上下两端的关节均被固定住。绷带、三角巾不要绑扎在一处。

4）夹板等固定材料不能与皮肤直接接触，要用棉垫、衣物等柔软物垫好，尤其骨突部位及夹板两端的部位。

5）固定四肢时应露出指（趾）端，以随时观察血液循环情况，如有苍白、发绀、发冷、麻木等表现，应立即松开，重新固定，以免造成肢体缺血、坏死。

11. 搬运伤员

搬运伤员的方法是院外急救的重要技术之一。搬动的目的是使伤员迅速脱离危险地带，纠正影响伤员的病态体位，减少伤员痛苦、避免再生伤害，争取将伤员安全迅速地送往医院治疗。搬运伤员的方法，应根据现场的器材和人力选定。常用的搬运方法有以下几种。

（1）徒手搬运

1）单人搬运法

此方法适用于伤势比较轻的伤员，可采取背、抱或挟持等方法（如图 2-30 所示）。

2）双人搬运法

一人托住双下肢，一人托住腰部。在不影响伤势的情况下，还可用轿式、椅式和拉车式（如图 2-31 所示）。

3）三人搬运法

对疑有胸、腰椎骨折的伤员，应由 3 人配合搬运。一人托住肩胛部，一人托住臀部和腰部，另一人托住双下肢，3 人同

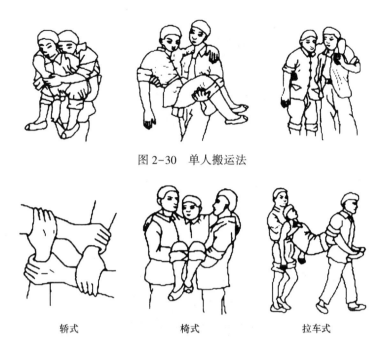

图 2-30　单人搬运法

轿式　　　　　　　　椅式　　　　　　　　拉车式

图 2-31　双人搬运法

时将伤员轻轻抬放到硬板担架上。

　　4）多人搬运法

　　脊椎受伤伤员的搬运工作，应由 4~6 人共同完成，2 人负责头部的牵引固定，使头部始终与躯干保持在同一水平线上；2 人托住臂背，2 人托住下肢，协调地将伤者平放在担架上，并在颈、腋窝放一小枕头，头部两侧用软垫或沙袋固定（如图 2-32 所示）。

（2）担架搬运

1）自制担架法

在没有现成的担架而又需要担架搬运伤员时应自制担架。

图 2-32　多人搬运法

①用木棍制担架，用两根长约 2 米的木棍或竹竿绑成梯子形，两棍之间用绳索往复缠绕即可，如图 2-33 所示。

图 2-33　木棍制担架

②用上衣制担架，用上述长度的木棍或竹竿两根，穿入两件上衣的袖筒中即成，如图 2-34 所示，常在没有绳索的情况下用此法。

图 2-34　上衣制担架

③用椅子代担架，将两把扶手椅对接，再用绳索固定对接处即可。

2）其他担架的做法

①材料。两根木棍、一块毛毯或床单、较结实的长线或

铁丝。

②方法。第一步，将木棍放在毛毯中央，毯的一边折叠，与另一边重合。第二步，毛毯重合的两边包住另一根木棍。第三步，用穿好线的针把两根木棍边的毯子缝合，然后把包有另一根木棍的毯子两边以同样的方式缝合，制作即成，如图2-35所示。

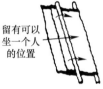

留有可以坐一个人的位置

折回

图2-35 毯子缝制的担架

（3）车辆搬运

车辆搬运受气候影响小，速度快，能将伤员及时送到医院抢救，适合较长距离运送。轻伤者可坐在车上，重伤者可躺在担架上。重伤者最好用救护车转送，缺少救护车的地方可使用普通汽车运送。在运送的过程中，胸部轻伤的伤员取半卧位，一般伤员取仰卧位，颅脑有伤的伤员应使头偏向一侧。

（4）注意事项

1）必须先对伤员就地进行急救，妥善处理后才能搬运。

2）搬运时尽可能不摇动伤员的身体。若遇脊椎受伤者，应将其身体固定在担架上，用硬板担架搬运。切忌一人抱胸、一人搬腿的双人搬运法，因为这样搬运易加重脊柱损伤。在搬运的过程中，要随时观察伤员的呼吸、体温、出血、面色变化等情况，注意伤员的姿势，同时注意伤员的保暖。

3）在人员、器材未准备完好时，切忌随意搬运伤员。

4）无论使用何种方式搬运伤员，均应保持伤员身体的平稳，切忌颠簸。

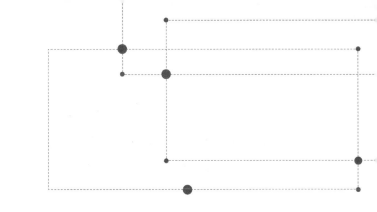

第 3 章

闭合性损伤及救助知识

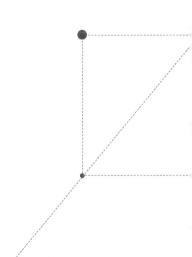

闭合性损伤是指，伤员皮肤保持完整，有时虽有伤痕，但不伴皮肤破裂及外出血，可有皮肤青紫（皮下出血，又称瘀斑）。若损伤部位较深，则伤后数日可见青紫。

12. 挤压伤

挤压伤是身体的四肢或其他部位受到压迫，造成受累身体部位的肌肉肿胀或神经学疾病。常可见于手、脚被钝性物体如砖头、石块、门窗、机器或车辆等暴力挤压导致挤压伤，也可见于爆炸冲击所致的挤压伤，这些挤压伤常常伤及内脏，造成内脏出血、肝脾破裂等。而被房屋倒塌、坑道泥土陷埋等挤压，可引起受压部位大量肌肉缺血坏死，常伴有严重休克。

（1）常见症状

受挤压伤的部位表面一般无明显伤口，可有淤血、水肿、紫绀等，如果四肢受伤，伤处肿胀可逐渐加重。受挤压者可能会出现心慌、恶心甚至神志不清等症状；若挤压伤伤及内脏可引起胃出血、肝脾破裂出血，这时伤员可能会出现呕血、咯血，甚至休克症状。

在生产生活中，最为常见的是手指的挤压伤。手指被硬物挤或砸之后，可能会破皮流血、指甲下血肿，也可能会皮下出血而出现青紫块，甚至指骨可能被挤压断裂。单纯的夹伤或砸伤，只是指头肿起疼痛，三四天后就会好转。

指骨骨折时，断处一定会出现肿胀，医生为了判断有没有指骨骨折，有时会轻轻叩动指尖，然后再轻叩手指的两面，如果都能引起疼痛，疼痛最强烈的部位，就是骨折处。

（2）急救措施

1）首先应当尽快解除挤压的因素。

2）对伤员应立即用冷水或冰块冷敷其受伤部位，以减少出血和减轻疼痛；后期可热敷以促进瘀血的吸收。对甲下积血应及时排出，这不仅可以止痛，还可减少感染，以保存指甲。

3）手指挤压伤的处理

①局部冷敷。没有破皮流血，也没有骨折的，可以将"七厘散"或"五虎丹"用酒或茶水调成糊状，敷在伤指上；还要经常把手举高，不要下垂。睡时，身旁可放高枕，将伤手放置在上面，可以减轻手指肿胀。如果伤指流血而没有骨折的，按手指割伤处理，然后把手高举，睡时也要把手抬高。

②指骨骨折的诊断和处理。发生指骨骨折时，需要请医生判断后将断骨复归原位，再做固定，用绑带或布条将伤肢悬挂在胸前，3~4周之后，进行复查。

4）对伤及内脏的伤员，应密切观察有无呼吸困难、脉搏细速、血压下降等情况，并及时送往医院救治。肢体挤压伤肿胀严重者，要及时行切开减压术，以保证肢体的血液循环，防止肢体坏死。

5）挤压综合征是肢体被埋压后逐渐形成的，因此要密切观察，及时送往医院，不要因为无伤口就忽视其严重性。挤压综合征主要表现为肾功能衰竭的临床症状，其后果比一般挤压伤要严重得多，所以对这样的伤员，唯一的办法是迅速、平稳、安全地送往医院抢救。

如果有的挤压伤将指（趾）切断（如手扶门、窗或汽车门框时，因门、窗等被猛力关闭，而使手指被切断），在紧急救治、止血包扎的同时，应将断指（趾）用干净布包好（如用冰瓶、冰块降温最好），连同伤员速送医院救治，进行断指（趾）再植手术，千万不要丢弃血肉模糊的断指（趾），更不要将断指（趾）用水清洗或用任何消毒液浸泡。

（3）注意事项

在转运过程中，应减少肢体活动，不管有无骨折都要用夹板固定，并让肢体暴露在流通的空气中，切忌按摩和热敷。

13. 挫伤

挫伤是由钝器或钝性暴力所造成的皮肤或皮下组织的创伤，常有皮下脂肪、小血管的破裂，有时还可致深部脏器的破裂，较为常见的是手指关节挫伤。

伸直的手指突遇外力猛烈撞击，容易发生手指关节扭挫伤。人常在打球、猛扳指头或者摔倒时，指头戳在硬物上，因而受伤。其中以拇指和第四指受伤最为常见。

（1）常见症状

1）手指肿胀，触碰会有疼痛感。

2）手指无法伸直，也无法弯曲，一旦活动手指就会出现疼痛。

3）如果指骨有小片断离，或者肌腱有撕脱，除了胀痛，
手指末节还不能伸直（如图 3-1 所示）。

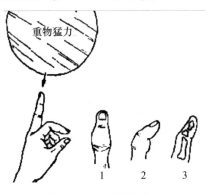

图 3-1　手指戳伤症状

（2）急救措施

1）局部冷敷

刚受伤时，用凉水毛巾拧干后，敷在伤处（每次冷敷
15~20 分钟）。如用冰水冷敷更佳，冷敷可以消肿。但如果受
伤已过 3~4 小时，则无须冷敷。

2）局部用药

冷敷后，再贴上创可贴，或在伤处涂上舒筋药水，或将七
厘散用黄酒或茶水调成糊状，敷在伤处。

3）固定和按摩

为了避免再次碰伤，可用稍硬的纸片（如香烟盒的外壳）
裹住伤指，使伤指减少伸缩活动。待肿胀稍有消退，轻轻按摩
肿处；还可以缓缓地活动伤指，使伤指早日康复。

4）骨折和肌腱损伤的处理

如果末节手指无法伸直，只能弯曲，很可能指骨有小片骨

头撕脱，应请医生进行正骨，再将弯曲的指关节慢慢复位，使末节手指上翘，再用铁丝架加以固定，3周后进行复查。

14. 关节扭伤

关节扭伤是关节部位在一个方向受暴力所造成的韧带、肌肉、肌腱的创伤。一般情况下扭伤并不会造成关节的脱位，但却可引起关节附近骨骼的骨片撕脱。关节扭伤常见于体力劳动者的工作伤，最常发生于踝关节、手腕以及腰部。

关节扭伤的常见症状有疼痛、肿胀、关节活动不灵等，其中疼痛是每个关节扭伤的伤员都会出现的症状，而肿胀、皮肤青紫、关节不能转动则是扭伤的常见表现。

（1）常见症状

常见的扭伤有足踝扭伤和腰部扭伤，腰部扭伤俗称"闪腰"。

1）足踝扭伤的症状

①外侧踝关节肿起。

②肿处有疼痛感，无法走路。

③肿处的皮肤若有乌青块，说明皮下小血管破裂出血。

2）腰部扭伤的症状

"闪腰"在医学上称为急性腰扭伤，是一种常见病，多由姿势不正、用力过猛、超限活动及外力碰撞等造成软组织受损所致。伤后立即出现腰部持续性疼痛，次日可因局部出血、肿胀使腰痛更为严重；有时轻微扭转一下腰部，当时并无明显痛感，但稍作休息后感到腰部疼痛。

（2）急救措施

1）足踝扭伤

轻伤，或者韧带只有部分撕裂的，可以依照以下的办法处理；如果重伤（如骨折，或者韧带完全断裂），应该到医院治疗。

①冷敷肿处 20 分钟，一天敷 3~4 次。受伤第一天可以进行冷敷，第二天改用药敷。每次敷药前，可轻轻按揉伤足，具体做法为：伤员伏卧在床，弯起膝盖，使伤足竖立；用双手大拇指轻轻揉动伤处，揉动的方向是从足至小腿。按揉有消肿止痛的效果。

伤员足踝扭伤时，应注意以下事项：

A. 伤员最好卧床，尽量不要下床走动。

B. 即使下床行走，伤足要平起平落（抬脚时伤足要放平；着地时也要全足水平落地。行走须慢，不能快步，以免加重损伤）。

C. 卧床时，伤足要用高枕垫高（要高于心脏的水平高度）。如果坐起，伤足要放在另一条凳子上，使伤足平放，不能下垂，下垂会加重水肿。

②如果韧带大部分或完全断裂，又不能立即送往医院救治，可以先按以下方法做暂时处理：

A. 伤员仰卧在床，伤足伸直平放。

B. 双手共同捏住伤员伤足的脚心和脚背，将脚踝旋转过来。由于伤处因外转而放松，所以不会产生疼痛。

C. 用一条宽约 5~6 厘米的橡皮膏条，先黏住内侧小腿下部，黏牢之后，将橡皮膏条用力拉紧，沿着脚心转向伤处，再转到脚踝的外侧，紧紧黏住伤处及上方的小腿。

D. 再找同样大小的橡皮膏条，3/4 压在第一条橡皮膏条上，黏法同第一条。另用一条，压住第一条橡皮膏的另一边，这样将伤足呈外翻状态黏牢，使脚踝不会向内翻。

E. 如此固定 1~1.5 个月，伤处韧带会自动愈合。

2）腰部扭伤

腰部一旦扭伤，应及时妥善治疗，并注意休息。伤员最好睡木板床，而不睡弹簧床，因为过于柔软的弹簧会使脊柱发生侧弯，导致腰部疾病加重。同时，要尽早到医院治疗，亦可酌情选用以下几种方法处理扭伤。

①按摩法：伤员采取俯卧位，按摩人员用双手手掌在脊柱两旁，自上而下揉压，至臀部向下按摩到大腿下部、小腿背面的肌群。按摩几次后，用拇指按压最明显的痛点，由轻渐重，直至感觉酸胀后，再持续按摩 1~3 分钟，按摩结束后缓慢放松伤员腰部，以减轻压力。稍停片刻后，如此反复 5~7 次，再用拇指指尖掐痛处。

②擦腰法：腰部前屈，用双手手掌摩擦腰部，以产生热感为宜，约 2 分钟。

③热敷法：在腰部盖一层薄布，将拧干的热毛巾敷在患处，上面再加盖一层浸湿的热毛巾防止散热。每 3 分钟更换一次，每次持续热敷 20~30 分钟。还可将炒热的盐或沙子包在布袋里热敷扭伤处，每次半小时，早晚各一次。

④背运法：伤员与一人背靠背站立，将手肘弯曲相互挽住，然后救护人员低头弯腰，将伤员背起，并轻轻左右摇晃，同时伤员双脚向上踢，片刻后放下，反复上踢。一般背几次之

后，腰痛会逐步好转。

⑤蹲起法：让伤员蹲下、双手手臂向上伸直，手掌相对。另一人蹲下用右手大拇指和中指按捏伤员腰部最痛处左右两点，使伤员感到疼痛而又舒适。然后两人同时慢慢站起来，稍站定后，再慢慢蹲下。若这一过程可以使伤员全身流汗，则效果更佳。

⑥药物烧疗法：取荆芥、防风、丁香、肉桂、乳香、没药（末药）、胡椒各等量共研成粉末状，治疗时先将药粉撒在患处皮肤上，取白布 2~3 块（醋浸过）盖于药末上，再用 20 毫升注射器吸取 95% 酒精，喷洒在白布上，然后点燃，并不断喷洒酒精，待伤员有烫感时吹熄，略凉后再度点燃，反复 4~5 遍即可结束一次治疗。

⑦药物外敷法：取新鲜生姜挖空，将雄黄粉末放入生姜内，并用生姜片盖紧，将生姜焙成老黄色，冷却后研成细末，撒在伤湿膏上，贴于患处。

15. 脱位

脱位是指关节受直接或间接外来暴力，使构成关节的两骨丧失其解剖关系，同时可能会伴有关节囊破裂或骨片撕脱。

(1) 常见症状

1）肘关节脱位
①肘关节移位。
②运动障碍：进行肘关节活动时出现剧烈疼痛。

③肘关节畸形：呈半屈曲位，肘窝饱满，肘后三角关系改变，上肢呈弹性固定。后脱位时，肘后方有空虚感，可触及向后凸起的尺骨鹰嘴。侧方脱位时，肘关节出现内外翻畸形。

④前臂短缩：发生脱位后，尺骨向后方脱位，使前臂比对侧短缩，可看到明显的两侧不等长，患侧肘关节明显变粗。

⑤肘关节疼痛、肿胀：肘关节脱位之后，会造成关节的损伤、局部出血，使得肘关节明显肿胀，周围软组织的损伤也会出现剧烈疼痛。

2）下颌关节脱位

下颌关节脱位的常见症状为张口不能闭合，无法说话和吞咽，局部疼痛和压痛，口涎外溢，颈部向前突出，下颌小头位置有空凹。

（2）急救措施

1）肘关节脱位

发生肘关节脱位时，如果周围无救助人员，伤员本人不要强行将处于半伸位的伤肢拉直，以免引起更大的损伤。可用健侧手臂解开衣扣，将衣襟从下向上兜住伤肢前臂，系在领口上，使伤肢肘关节呈半屈曲位固定在前胸部，再前往医院接受治疗。如果有人救助，若救助人员不能判断关节脱位是否合并骨折时，不要轻易实施肘关节脱位的复位，以防损伤血管和神经，可用三角巾将伤员的伤肢呈半屈曲位悬吊固定在前胸部，再送往医院即可。

2）下颌关节脱位

①伤员坐直，头和背紧靠着墙。救助人员面向伤员，先找

到下颚骨喙突（喙突是下颌骨垂直部位，顶端靠前的一个凸起，正常人开口或闭口，都能感受到这个部位的活动）。救助人员将拇指分别放置在伤员两侧的喙突前方，其余四指分别放置在下颌骨下缘（左右侧）。拇指适当用力向后推压（并稍稍向下用力）；同时，其余四指用力将下巴向上托起，脱位就能复入原位（如图 3-2 所示）。整复后，用三角巾或绷带将下巴连同关节兜住（吃饭时摘下），约一周左右。在这期间，伤员不大笑、不咬嚼硬物，以免形成习惯性脱位。

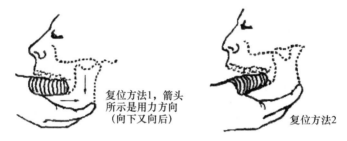

复位方法1，箭头所示是用力方向（向下又向后）

复位方法2

图 3-2　下颌关节脱位复位方法

②伤员坐下、头后仰，靠在墙上，全身放松。救助人员站在伤员面前，双手拇指用手帕或纱布缠裹，伸入伤员嘴内下颌最后的臼齿（大牙）上；其余四指在外托住下颌角和下颌下缘。拇指下压，并伴随向后推的力量。在下压、后推的同时，四指配合向上托，整个手的活动成为一个向下、向后、向上的弧形（半圆形）动作，听到关节复位的声音，即代表复位成功（如图 3-2 所示）。复位后的处理，同方法 1。

16. 烫伤

由高温液体（如沸水、热油等）、高温固体（烧热的金属等）或高温蒸气等所致损伤称为烫伤。"烫伤"是烧伤的一种，判断烫伤的损害需要包括烫伤的深度和烫伤的面积两个方面。

（1）常见症状

烫伤程度一般分三度。一度烫伤只损失皮肤表层，局部轻度红肿、无水泡、疼痛明显。二度烫伤是真皮损伤，局部红肿疼痛，有大小不等的水泡。三度烫伤是皮下损伤，脂肪、肌肉、骨骼均有损伤，并呈灰或红褐色。

烫伤的程度不同，采取的救护措施也不同。

（2）急救措施

1）一度烫伤

发生一度烫伤时，应立即将伤处浸在冷水中进行冷却治疗，以起到降温、减轻余热损伤、减轻肿胀、止痛、防止起泡等作用，如有冰块，将冰块敷于伤处效果更佳。冷却30分钟左右就能完全止痛。随后用鸡蛋清、万花油或烫伤膏涂于烫伤部位，这样只需3~5天便可自愈。

应当注意，这种冷却治疗应在烫伤后立即进行，如过了5分钟后才浸泡在冷水中，则只能起止痛作用，因为这5分钟内烧烫的余热在持续损伤肌肤。如果烫伤部位不是手或足，不能将伤处浸泡在水中进行冷却治疗时，则可将受伤部位用浸有冷水的毛巾包好，用冰块敷效果更佳。

如果穿着衣裤或鞋袜部位被烫伤，千万不要急忙脱去被烫部位的衣裤或鞋袜，否则会使表皮同鞋袜、衣裤一起脱落，不但会增加疼痛，而且容易感染，延长病程。最好的方法就是立即用食醋（食醋有收敛、散疼、消肿、杀菌、止痛作用）或冷水隔着衣裤或鞋袜浸到伤处及周围，然后再脱去鞋袜或衣裤，这样可以防止揭掉表皮，防止发生水肿和感染，同时又能止痛。接着，再将伤处进行冷却治疗，最后涂抹烫伤膏便可。

2）二度烫伤

烫伤者经冷却治疗一定时间后，仍疼痛难忍，且伤处有水疱，这说明是二度烫伤。这时不要弄破水疱，要迅速到医院治疗。

3）三度烫伤

对三度烫伤者，应立即用清洁的被单或衣服进行简单包扎，避免污染和再次损伤，创伤面不要涂擦药物，保持清洁，迅速送往医院治疗。

17. 异物侵入

（1）常见症状

1）眼部异物侵入

眼部异物是指异物入目，黏附于眼球表面或存留在眼球内、眼眶内的物体，可分为眼球表面异物、球内异物和眶内异物，以眼球表面异物多见，伤员有不同程度的异物感，或有疼痛、畏光、流泪等刺激症状。

2）气管异物侵入

人有左右两肺，各有一根主支气管相通。左右主支气管最终汇集成一根总气管。总气管向上直通喉头，喉头有个声门，有两条声带分列两旁。平时只要一呼一吸，声门打开，气流就能顺利进出，如图 3-3 所示。

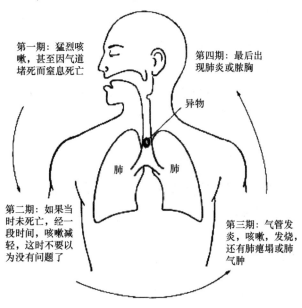

第一期：猛烈咳嗽，甚至因气道堵死而窒息死亡

第四期：最后出现肺炎或脓胸

异物

肺　肺

第二期：如果当时未死亡，经一段时间，咳嗽减轻，这时不要以为没有问题了

第三期：气管发炎，咳嗽，发烧，还有肺瘫塌或肺气肿

图 3-3　气管异物侵入的症状

异物落入气管，如果物体体积不大，则可能直接进入主支气管。起初，被堵的主支气管还可能有空隙供气流出入；久而久之，气管黏膜肿胀，空隙被完全堵塞，气流无法出入。此时如果不将异物取出，伤员的肺可能发生萎缩，易患肺炎、肺脓肿、脓胸等病。

若异物体积较大，卡在了主支气管，由于主支气管比较粗，气流也比较强大，异物往往随着呼气和吸气上下活动。而声门非常敏感，只要有东西碰到它，就会立刻关闭。异物卡在主支气管不久后，气管黏膜会发生水肿，气道产生分泌液，将主支气管完全堵塞，使人无法呼吸，发生窒息。人体耐不住缺氧，不久心跳也随之停止。

3）咽喉异物侵入

当异物侵入咽喉时，伤员每次吞咽口水，都有不舒服的感觉，可能会发生呕吐；经过几小时至一天，被卡住的食管会出现水肿、糜烂；少数人还会吐血，甚至发生食管穿孔；带尖刺的外物（如较大鱼刺、带尖角的骨块）偶尔还能穿入邻近的大血管、心包或肺。

4）外耳道异物侵入

不论什么性质的物质、以什么方式进入外耳道，都称为外耳道异物。一旦出现耳内痛、耳鸣、耳道堵塞感、眩晕、耳道出血、听力下降或反射性咳嗽，又无耳病史则都应由耳内异物所致。

（2）急救措施

1）眼部异物侵入

①异物进入眼睛后，千万不要用手去揉眼睛。伤员可以反复眨眼，激发流泪，让眼泪将异物冲出来。

②用手轻轻将患眼的眼睑提起，眼球同时上翻，泪腺就会分泌出泪水将异物冲出来，也可以同时咳嗽几声，将灰尘或沙粒咳出来。

③取一盆清水，将头浸入水中，反复眨眼，用水漂洗；或

用装满清水的杯子罩在眼上，冲洗眼睛；也可以侧卧，用温水冲洗眼睛。

④如果异物还留在眼内，可翻开上眼睑，检查上眼睑的内表面；或者拿一根火柴杆或大小相同的物体抵住伤者的上眼睑，另一只手翻开伤者下眼睑，检查眼睑的内表面。一旦发现异物，可用棉签或干净手帕的一角浸湿后将异物擦掉，也可用舌头将异物舔出。

⑤如果异物在黑眼球部位，应让伤员转动眼球，将异物移至眼白处取出。

⑥如果异物是铁屑类物质，先找一块磁铁洗净擦干，将眼皮翻开贴在磁铁上，然后慢慢转动眼球，铁屑可能被吸出。如果不易取出，不应勉强挑除，以免加重损伤引起危险，而应立即送往医院处理。

⑦异物取出后，可适当滴入一些消毒眼药水或挤入眼药膏，以预防感染。

⑧眼睛如被强烈的弧光照射，产生异物感或疼痛感，可用鲜牛奶滴眼，一日数次，一至两天即可治愈。

⑨采用上述方法无效或愈加严重，或异物嵌入眼球无法取出，或虽已被剔除，伤员仍感到持续性疼痛时，应用厚纱布垫覆盖患眼，请医生诊治。

2）气管异物侵入

为了解决气管异物，我们一般使用海姆立克急救法。从伤员背后将其抱住，一手握拳，拇指伸直，顶住他的上腹（脐和胸骨尖端的正中间）；另一只手的手掌压在握拳手的拳头上，然后双臂用力向上、并向内（伤员的上腹部的内脏方向）稍稍用力；同时双臂突然抱紧伤员胸部，使伤员胸部受到冲击，产生一股气浪，将异物冲出气管和声门，如图 3-4 所示。
以上步骤反复操作，直至异物被冲出为止。

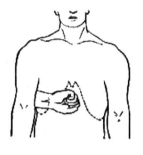

一手握拳，以突出的拇指（或如图中所示的突出的食指背节）顶住伤员胸口

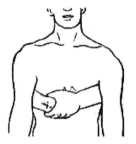

然后用另一手握住顶腹的一只手，双手合力，挤压上腹部

图 3-4 海姆立克急救法

如伤员已仰卧在地，施救者应跨骑在他的腰部，同样一手
握拳，拇指对向伤员的脐和胸骨尖之间的中点；另一手覆盖在
拳头上，双臂伸直，以同样手法推压上腹。

3）咽喉异物侵入

①让伤员安静，坐下或躺卧，尽量少活动。

②伤员有恶心呕吐的感觉时，可以张嘴大口吸气，避免恶
心呕吐的发生。因为胃和食管大幅度的活动，会使外物（特
别是带刺或有尖角的东西）穿破食管进入心肺血管等处。

4）外耳道异物侵入

①如果进入外耳道异物为棉球、火柴棍、纱布、纸团等

物，可用镊子轻轻夹出。

②如果进入外耳道的异物为小而圆滑的东西，应用耵聍钩将其取出，不宜用镊子夹，否则越夹越深。

③鼓膜表面异物：将伤员的头仰起固定，在明视下小心取出异物，以防损伤鼓膜；或用注射器吸入生理盐水，沿外耳道后壁注入耳内，但不要对准异物冲洗。冲洗过程中伤员头偏向患侧，用盘接水，注视异物是否被冲洗出来。此法对外耳道、鼓膜病变和遇水起化学反应、遇水膨胀的异物不适用。

④小儿取异物时常用暂时全身麻醉。

⑤外耳有嵌顿于骨中的异物时需送医院开刀取出。

⑥外耳有植物性异物者，可先滴入95%酒精，使之脱水收缩再取出。

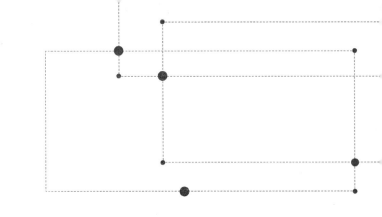

第 4 章

开放性损伤及救助知识

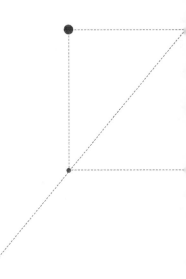

与闭合性损伤相反，开放性损伤顾名思义就是受伤部位的内部组织（如肌肉、骨头等）与外界相通的损伤，简言之就是发生流血，或肌肉、骨头外露的创伤。开放型损伤伴有皮肤破裂及外出血，细菌易从创口侵入，引起感染，故开放性创伤必须及时清创。

18. 撕裂伤

（1）常见症状

撕裂伤创口边缘不整齐，周围组织的破坏较广泛。运转的机器、车辆会将皮肤及皮下组织撕脱造成撕裂伤，有时还可将肌肉、肌腱、血管及神经撕脱；钝器打击造成挫伤的同时可引起皮肤和软组织开裂。撕裂伤常引起皮肤坏死及感染。

（2）急救措施

撕裂伤创面较小时，可用生理盐水、双氧水等清洗消毒创口，防止异物、细菌聚集在伤口处，再用医用胶布按压止血。如若较大的撕裂伤，首先应止血，然后考虑进一步处理，如现场有医疗条件，可进行清创缝合并考虑注射破伤风抗毒素，服用抗生素；若无医疗条件可在止血后送往医院治疗。

有些意外事故所致撕裂伤（如头皮广泛撕脱），创面很大，处理过程复杂，一旦发生，现场难以处理，应一边止血，一边组织送往医院治疗。

19. 刺伤

刺伤是指由细长、尖锐的致伤物所造成的创伤。伤口虽不大，但可伤害深部的组织、器官而不易被察觉，因此刺伤易引起深部感染。刺伤在生活和生产劳动中较为常见，常为锋利的尖刀所致。刺伤处理不当可能会造成严重后果。

（1）常见症状

刺伤后的病情轻重程度与刺伤的深浅程度有关。在刃器的作用下，伤口会出现出血、疼痛、相应脏器的损伤等。

刺伤胸、背部，可损伤肺、胸膜，造成出血、气胸、呼吸困难、憋气、休克。刺伤心脏，心脏会停止跳动，迅速死亡；刺伤腹部，可引起小肠脱落；刺伤大血管，如颈部的颈动脉、大腿部的股动脉、腹部的腹主动脉及其分支，可立即造成血管断裂，大出血而危及生命。对于较轻、较浅的刺伤，只需消毒清洗后，用干净的纱布等包扎止血或就地取材使用替代品初步包扎后，再送到医院进一步治疗。

（2）急救措施

1）胸背部刺伤

①造成刺伤的刀、匕首、钢筋、铁棍等若仍插在胸背部、腹部、头部，切不可立即拔出，以免造成大出血而无法止血。正确做法是将刃器固定好，并将伤员尽快送往医院。

②刃器固定方法。刃器四周以衣物或其他物品围好，再用绷带等固定。路途中注意保护，防止其脱落。

③刃器已被拔出，伤员胸背部有刺伤伤口，并出现呼吸困难、气急、口唇紫绀时，说明伤口与胸腔相通，使空气可以直接进出，称为开放性气胸。此种情况非常紧急，若处理不当，伤员呼吸会很快停止。此时应当迅速按住伤口，可用消毒纱布或清洁毛巾覆盖伤口后送往医院急救。纱布的最外层最好用不透气的塑料膜覆盖，以密闭伤口，减少漏气，条件允许可以给伤员吸氧，伤员以半坐卧位为宜。

2）腹部刺伤

①刺伤的刃器仍留在伤口上，切忌立即拔出，而应固定好，与伤员一并送往医院。

②刺中腹部，导致肠管等内脏脱落时，千万不要将脱落的肠管送回腹腔内，因为会使感染机会加大。可先在脱落的肠管上覆盖消毒纱布或消毒布类，再用干净的盆或碗倒扣在伤口上，用绷带或布带固定，并迅速送往医院抢救。伤员应双腿弯曲，严禁喝水、进食。

3）眼睛刺伤

如果伤员的眼睛被物体刺伤，那么应该立即让其仰卧，设法支撑其头部，使之保持静止不动，并尽量避免情绪波动。切不可擅自拔除伤员眼中的异物，以免造成不能补救的损失。同时，不可随意对伤眼进行擦拭或清洗，更不可压迫眼球，以防挤出更多的眼内容物。如果伤员眼球鼓出，或伤员眼球内有脱落物，那么一定不要将脱落物推回眼内，这样做极可能加重伤势。正确的做法应该是立即用消毒纱布轻轻覆盖伤眼，然后再用绷带松散地包扎，保证覆盖的纱布不会移动即可。如果没有消毒纱布，也可用清洁的手帕或未使用过的毛巾代替，千万不可用力包扎，以不压迫伤眼为原则。如果有物体刺在眼上或眼球脱落时，可用纸杯或塑料杯扣在眼睛上，注意不要碰触或挤压，然后再将纸杯或塑料杯用绷带包扎起来。包扎时要对双眼同时包扎，因为只有这样才可减少因为另一只健康眼睛的运转而造成的伤眼的转动，避免伤眼因摩擦和挤压而加重伤口出血和眼内容物继续流出等严重后果。此外，包扎时切不可使用眼药水或眼药膏，这样会增加感染的风险。

眼睛受伤出现青肿主要是由于眼眶和眼睑受到外力撞击后引起内出血而产生的。如果眼球、颅骨没有受伤，可用冷敷法治疗。一般可用冰袋冷敷 30 分钟以上，即可消退肿胀，两天后即可痊愈。

4）钉子刺伤

脚被钉子刺伤后，要立刻将钉子拔出。为防止钉子在伤口内遗留，应该查看一下钉子有没有断裂。拔出后，用手挤压伤口四周，使伤口流出一些血液，将伤口内的脏东西一并带出。如果还需要继续走路，应用干净手帕盖住伤口，再包扎妥当。扎伤之后，要立即请医生处理（时间不要超过 6 小时）。也可先用碘酒涂擦伤口四周皮肤，拔出钉子，再涂上碘酒，用干净布包扎后，请医生进一步处理。若钉子无法拔出，或者发现伤口内有断钉，切不可直接拔出，需要请医生切开伤口取出。但前去就医时，伤足不能着地行走，并应尽快注射破伤风预防针。

（3）注意事项

伤口深，尤其是铁钉、铁丝、大头针、木刺等刺伤，如不彻底清洗，容易引起破伤风。深而狭小的伤口由于缺氧，十分利于铁钉、木刺上的锈及尘土的破伤风杆菌生长繁殖。所以，刺伤后在处理伤口时，应在皮下或肌肉注射破伤风抗毒素，注射之前应在伤员手腕上进行皮试，确定无过敏现象后方可注射。

20. 切割伤

（1）常见症状

切割伤是由锋利的致伤物（如刀刃、玻璃）造成的，伤口边缘较整齐。切割伤深度随外力大小而异。腕肘部深切割伤同时会伴有血管的断裂。

（2）急救措施

较浅的切割伤可以用生理盐水冲洗掉伤口内的异物组织或者沙土。再用消毒药水涂抹伤口，经常用的有碘伏、安尔碘、碘酊等消毒药水或酒精。消毒完伤口之后，用纱布或者敷料包扎。如果伤口比较深，首先仍然要用生理盐水冲洗掉伤口内的异物组织，然后要用双氧水清洗伤口，将伤口深部的厌氧菌彻底消除。再者，过深的伤口很难自主愈合，消毒后要到医院进行清创缝合。另外还要打破伤风疫苗，以免术后感染破伤风。所有这些处理完之后，伤口要定期换药，按医嘱拆线。

21. 擦伤

擦伤是皮肤同粗糙致伤物摩擦而造成的表浅创伤。受伤部位仅有少量出血或渗血，因而伤情较轻。擦伤的重点在于消毒和包扎。如果是儿童擦伤，建议使用双氧水，因为双氧水造成的痛感较小。双氧水的使用方法为，首先可以用棉签蘸取双氧水，然后均匀地涂在伤口的周围，伤口会出现白色泡沫，待泡沫完全消散后即可。

如果伤口较小，可配合使用创可贴，但一定要选择透气、有药性的创可贴。如果是成年人受伤，建议使用酒精进行消毒。酒精的消毒方法为，首先用棉签蘸取酒精涂在伤口处，可用吹风机加快酒精蒸发，以缓解疼痛；清理伤口周围的异物和细菌之后，再进行包扎。如果伤口较大，建议使用纱布包扎；如果更为严重，建议去医院注射破伤风针。

22. 爆炸伤

爆炸伤是指由爆炸造成的人体损伤。广义上的爆炸分为化学性爆炸和物理性爆炸。前者主要由炸药类化学物引起，后者由如锅炉、氧气瓶、煤气罐、高压锅等压力容器内的超高压气体引起。另外，局部空气中有较高浓度的粉尘，在一定条件下也能引起爆炸。

爆炸的性质不同，其造成的伤害形式也不同，其中严重的多发伤占较大的比例。爆炸伤一般可以分为爆震伤、爆烧伤、爆碎伤、有毒有害气体中毒、烧伤以及心理创伤等。

爆炸伤的特点是程度重、范围广泛且有方向性，兼有高温、钝器或锐器损伤的特点。位于爆炸中心和其附近的人，常肢体离断并被抛掷很远，同时身体被严重烧伤；距爆炸中心较远的人，则烧伤程度较轻，烧伤分布于朝向爆炸中心的身体一侧，损伤类型主要是由炸裂爆炸物外壳、爆炸击碎的介质作用于人体所形成的各种创口，创口周围常有烧伤，并伴有严重的骨折和内脏损伤；距爆炸中心更远的人，主要是冲击波损伤，其特点是外轻内重，体表常仅见波浪状的挫伤和表皮剥脱，体内见多发性内脏破裂、出血和骨折等，重者也可见挫裂创和撕脱伤，甚至体腔破裂。冲击波还可使人体被抛掷很远，落地时再形成坠落伤。

处理爆炸伤应尽量保存皮肤、肢体，为后期修复、愈合打下基础，最大限度地避免伤残和减轻伤残。颅脑外伤并有耳、鼻流血者不要堵塞伤口；胸部有伤口随呼吸出现血性泡沫时，应尽快封住伤口；腹部内脏流出时，不要将其送回，而应用湿的消毒无菌敷料覆盖后，再用碗等容器罩住保护，免受挤压，尽快送往医院处理。

23. 火焰烧伤

烧伤是指由火焰、高温和强辐射热引起的损伤。烧伤的程度因温度的高低、作用时间的长短而不同。烧伤时可见血液中的乳酸量增加，动静脉血的 pH 值降低，随着组织毛细血管功能障碍的加重，缺氧血症也会加重。临床经验证明，烧伤达全身表面积的 1/3 以上时会有生命危险。

火灾中一旦发生烧伤，特别是较大面积的烧伤，死亡率与致残率较高，严重影响了人类的健康。由于烧伤防治知识普及性较差，广大人民群众更是对其基本知识及防治知之甚少，使一些烧伤伤员得不到及时有效的治疗，甚至丧失了宝贵的生命。

（1）常见症状

烧伤的严重程度取决于受伤组织的范围和深度，烧伤深度可分为 Ⅰ、Ⅱ 和 Ⅲ 度。

Ⅰ 度烧伤损伤最轻。烧伤皮肤发红、疼痛、明显触痛、有体液或血液渗出或水肿。轻压烧伤部位时局部变白，但没有水疱。

Ⅱ 度烧伤损伤较深。皮肤有水疱，水疱底部呈红色或白色，水疱内充满了清澈、黏稠的液体。烧伤部位触痛敏感，压迫时变白。

Ⅲ 度烧伤损伤最深。烧伤表面可以发白、变软或者呈黑色、炭化皮革状。由于烧伤皮肤变得苍白，在白皮肤人中常被误认为正常皮肤，但压迫时不再变色。破坏的红细胞可使烧伤局部皮肤呈鲜红色，偶尔有水疱，烧伤区的毛发很容易拔出，感觉减退。Ⅲ 度烧伤区域一般没有痛觉，因为皮肤的神经末梢被破坏，常常要经过几天，才能区分 Ⅱ 度与 Ⅲ 度烧伤。

（2）急救措施

1）热力烧伤的现场急救

热力烧伤一般包括热水、热液、蒸气、火焰和热固体以及辐射热所造成的烧伤。在日常生活中发生最多，因而民间的急救措施也多种多样，最常见的是在创面上涂抹牙膏、酱油、香油等，实际上这些物品都不利于热量散发，同时可能加重创面污染。

有效的措施是应立即去除致伤因素并给予降温。如热液烫伤，应立即脱去被浸渍的衣物，使热力不再继续作用并尽快用凉水冲洗或浸泡烧伤部位，使伤部冷却，以减轻疼痛和损伤程度。火焰烧伤时切忌奔跑呼喊，以手扑火，以免助长火势而引起头面部、呼吸道和手部烧伤，应就地滚动或用棉被毯子等覆盖着火部位。适宜水冲的以水灭火，不适宜水冲的用灭火器灭火。

去除致伤因素后，创面应用冷水冲洗，这样做的好处是能防止热力的继续损伤，可减少体液或血液渗出和水肿，减轻疼痛。冷疗需在伤后半小时内进行，否则无效。具体方法是烧伤后创面立即浸入自来水或冷水中，水温15~20摄氏度，可用纱布垫或毛巾浸冷水后敷于局部0.5~1小时，直至停止冷疗后创面不再疼痛。冷水冲洗的水流与时间应结合季节、室温、烧伤面积、伤员体质而定，气温低、烧伤面积大、年老体弱者则不能耐受较大范围的冷水冲洗。冲洗后的创面不要随意涂抹药水，即使是基层医疗单位和家庭常用的一些外用药如龙胆紫（紫药水）、红汞（红药水）等也不可以，以免影响清创和对烧伤深度的诊断。创面可用无菌敷料，没有无菌敷料的可用清洁布单或被子覆盖，尽量避免与外界直接接触，并尽快送往医院诊治。

2）烧伤伴合并伤的现场急救

火灾现场造成的损伤往往还伴有其他损伤，如煤气、油料爆炸可伴有爆震伤；房屋倒塌、车祸时可伴有挤压伤；另外还可能伴有颅脑损伤、骨折、内脏损伤、大出血等。在急救中对危急伤员生命的合并伤应迅速给予处理，如活动性出血应给予压迫或包扎止血，开放性损伤应进行灭菌包扎，合并颅脑、脊柱损伤者应在注意制动下小心搬动，合并骨折者给予简单固定等。

(3) 注意事项

经过现场急救后，为使伤员能够得到及时系统的治疗，应尽快将其转送医院，送医院的原则是尽早、尽快、就近。但是由于一些基层医院没有专业烧伤外科门诊，因此烧伤伤员经常遇到再次转院的问题。对轻中度烧伤者一般可以及时转送，但对重度伤员，因伤后早期易发生休克，故对此类伤员应首先及时建立静脉补液通道给予有效的液体复苏，能有效预防休克的发生或及时纠正休克，减轻创面损伤程度，降低烧伤并发症的发生率。该工作若由火场消防医护人员或就近医疗单位负责，则能避免耽误时机。一般来讲，成人烧伤面积大于 15%，儿童大于 10%，其中Ⅱ度以上（含Ⅱ度）烧伤面积占 1/2 以上者即有发生低血容量性休克的可能性，多需要静脉补液治疗。

24. 化学烧伤

化学烧伤的损害程度，与化学品的性质、剂量、浓度、物理状态（固态、液态、气态）、接触时间和接触面积的大小，以及当时急救措施等有着密切的关系。化学物质对局部的损伤作用，主要是细胞脱水和蛋白质变性。化学烧伤的特点是某些化学物质在接触人体后，除立即损伤外，还可继续侵入或被吸收，导致进行性局部损害或全身性中毒。处理时应了解致伤物质的性质，方能采取相应的措施。常见的化学烧伤有酸、碱烧伤及磷烧伤。

（1）常见症状

1）酸烧伤

常见的有硫酸、盐酸、硝酸、氢氟酸、石炭酸（苯酚）、草酸等烧伤。其特点是使组织脱水，蛋白沉淀、凝固，故烧伤后创面迅速成痂，界限清楚，因此限制了继续向深部侵蚀。

①硫酸、盐酸、硝酸烧伤。硫酸、盐酸、硝酸烧伤发生率较高，占酸烧伤的80.6%。硫酸烧伤创面呈黑色或棕黑色，盐酸为黄色，硝酸为黄棕色。此外，颜色改变与创面深浅也有关系，潮红色最浅，灰色、棕黄色或黑色较深。酸烧伤后，由于痂皮掩盖，早期对深度的判断较一般烧伤更为困难，但不能因无水疱即判为浅度烧伤。

硫酸、盐酸、硝酸在液态时可引起皮肤烧伤，气态时可致吸入性损伤。同种浓度的三种酸，液态时硫酸作用最强，气态时硝酸作用最强。吸入气态硝酸后，数小时即可出现肺水肿。口服酸后均可造成上消化道烧伤、喉水肿及呼吸困难，甚至胃肠溃疡穿孔。

②氢氟酸烧伤。氢氟酸是氟化氢的水溶液，无色透明，具有强烈腐蚀性，并具有溶解脂肪和脱钙的作用。氢氟酸烧伤后，创面起初可能只有红斑或皮革样焦痂，随后即发生坏死，并向四周及深部组织侵蚀，可伤及骨骼使之坏死，形成难以愈

合的溃疡，伤员疼痛较重。10%氢氟酸有较大的致伤作用，而40%的氢氟酸则对皮肤浸润较慢。

③石炭酸烧伤。石炭酸主要对肾脏产生损害，其腐蚀、穿透性均较强，对组织有进行性浸润损害。

④草酸烧伤。皮肤黏膜接触草酸后易形成粉白色顽固性溃烂。

2）碱烧伤

临床上常见的碱烧伤有苛性碱、石灰及氨水等，其发生率高于酸烧伤发生率。碱烧伤的特点是与组织蛋白结合，形成碱性蛋白化合物，易于溶解，进一步使创面加深；或形成皂化脂肪组织，使细胞脱水致死，并产热加重损伤。因此它造成损伤比酸烧伤更为严重。

①苛性碱烧伤。苛性碱是指氢氧化钠与氢氧化钾，具有强烈的腐蚀性和刺激性。其烧伤后创面呈粘骨或皂状焦痂，色潮红，一般颜色较深，通常在深Ⅱ度以上，疼痛剧烈，创面组织脱落后，创面凹陷，边缘潜行，往往不易愈合。

②石灰烧伤。生石灰（氧化钙）与水生成氢氧化钙（熟石灰），并释放大量的热。石灰烧伤时创面较干燥，呈褐色，伤口较深。

③氨水烧伤。氨水极易挥发，具有刺激性，吸入后可发生喉痉挛、喉头水肿、肺水肿等吸入性损伤。与氨水接触的创面浅度者有水疱，深度者干燥呈黑色皮革样焦痂。

3）磷烧伤合并中毒

磷烧伤在化学烧伤中居第三位，仅次于酸、碱烧伤。除磷遇空气燃烧可致伤外，磷氧化后可生成五氧化二磷，其对细胞有脱水和夺氧作用。五氧化二磷遇水后生成磷酸并在反应过程中产热使创面继续加深。吸入磷蒸气可引起吸入性损伤，磷及磷化物经创面和黏膜吸入可引起磷中毒。

磷系原生质毒能抑制细胞的氧化过程。磷被吸收后，大多存在于肝肾组织中，易引起肝肾等脏器的广泛损害。磷烧伤后伤员主要表现为头痛、头晕、乏力、恶心，重者可出现肝功能不全、肾功能不全、肝肿大、肝区痛、黄疸、少尿或无尿、尿中有蛋白和管型。由于吸入性损伤及磷中毒可引起呼吸急促、刺激性咳嗽，肺部闻及干湿啰音，重者可出现肺功能不全及急性呼吸窘迫综合征（ARDS）、胸片提示间质性肺水肿、支气管肺炎。部分伤员可有低钙、高磷血症、心律失常、精神症状及脑水肿等。磷烧伤创面多较深，可伤及骨骼，创面呈棕褐色，Ⅲ度创面暴露时可呈青铜色或黑色。

4）氰化物烧伤合并中毒

氰化物可分为无机氰化物和有机氰化物。氰化物进入人体后，使细胞不能得到足够的氧，造成细胞内窒息。急性中毒者动静脉血氧差可自正常的 4%~5% 降至 1%~1.5%，致呼吸中枢麻痹，造成死亡。

氰化物中毒的主要临床表现为乏力、胸痛、胸闷、头晕、耳鸣、呼吸困难、心律失常、瞳孔缩小或扩大、阵发性或强直性抽搐、昏迷，最后呼吸、心跳停止而死亡。

5）沥青烧伤

沥青俗称柏油，有高度的黏合性，广泛用于房屋建筑、工程防腐防潮、铺路等。液体沥青引起皮肤烧伤纯属热力作用，无化学致伤作用。沥青烧伤的特点是沥青不易清除，热量高，散热慢，故创面往往较深，且多发生于皮肤暴露部位，如手、足、面部等。

（2）急救措施

1）酸烧伤

①硫酸、盐酸、硝酸烧伤。其处理同化学烧伤的急救处理原则。冲洗创面后，可用 5% 碳酸氢钠溶液、氧化镁溶液或肥皂水等中和存留在皮肤上的氢离子，中和后，仍继续冲洗。创面应采用暴露疗法。如确定为 Ⅲ 度烧伤，应实施早期切痂植皮。吸入性损伤按其常规处理。吞食强酸后，可口服牛奶、蛋清、氢氧化铝凝胶、豆浆、镁乳等，忌洗胃或用催吐剂，忌使用耐火酸氢钠，以免造成胃肠穿孔。可口服泼尼松，以减少纤性药物。

②氢氟酸烧伤。氢氟酸烧伤后，关键在于早期处理，应立即用大量流动水冲洗，至少半小时。冲洗后，创面可涂氧化镁甘油（1∶2）软膏，或用饱和氯化钙或 25% 硫酸镁溶液浸泡，使表面残余的氢氟酸沉淀为氟化钙或氟化镁。忌用氨水，以免形成有腐蚀性的二氟化铵（氟化氢铵）。如较为疼痛，可用 5%~10% 葡萄糖酸钙加入 1% 普鲁卡因内浸润皮下及创周，以减轻进行性损害。烧伤波及甲下时，应拔除指（趾）甲。Ⅲ度创面应早期切痂植皮。

③石炭酸烧伤。急救时首先用大量流动冷水冲洗，然后再用 70% 酒精冲洗或包扎。深度创面应早期切痂或削痂。

④草酸烧伤。草酸与钙结合会使血钙降低，故在用大量冷水冲洗的同时，局部及全身应及时应用钙剂。

2）碱烧伤

①苛性碱烧伤。其处理关键在于早期及时用流动冷水冲洗，冲洗时间要长，有人主张冲洗 24 小时，不主张使用中和

剂，深度创面亦应早期切痂。误服苛性碱后忌洗胃、催吐，以防胃与食道穿孔，可口服小剂量橄榄油、5%醋酸、食用醋或柠檬汁。

②石灰烧伤。注意用水冲洗前，应将石灰粉末擦拭干净，以免产热加重创面。

③氨水烧伤。创面处理同一般碱烧伤。伴有吸入性损伤者，按吸入性损伤原则处理。

3）磷烧伤合并中毒

磷烧伤后，应立即扑灭火焰，脱去污染的衣服，创面用大量清水冲洗或浸泡于水中。仔细清除创面上的磷颗粒，避免与空气接触。若一时无大量清水，可用湿布覆盖创面。为避免吸入性损伤，伤员及救护者应用湿的手帕或口罩遮住口鼻。

4）沥青烧伤

大面积沥青烧伤忌用汽油擦洗，以免引起急性铅中毒。沥青烧伤后可即刻置于冷水中使其降温，之后再用橄榄油或麻油清除创面上的沥青；也可用松节油擦拭，但其具有刺激性，故适用于中小面积创面。伤员应避免日光照射，避免应用有光感的药物，创面上禁用红汞、龙胆紫。

5）化学性眼灼伤

①现场可用自来水冲洗，冲洗时间要充分，最好在半小时左右；也可将头浸入盛有洁净水的盆内，翻开眼睑，在水中轻轻左右转动眼球，然后再送往医院治疗。

②用生理盐水冲洗，以去除和稀释化学物质。冲洗时应注意穹窿部结膜是否有固体化学物质残留。对于石灰和电石颗粒，则先用植物油棉签清除，再用水冲洗。

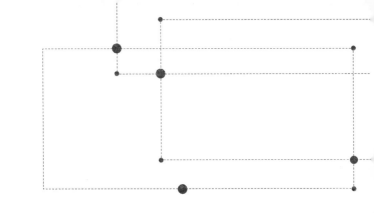

第 5 章

其他损伤及救助知识

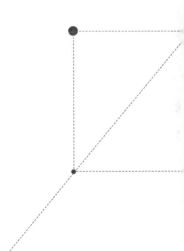

25. 颅脑外伤

从创伤的严重性来看，脑外伤容易造成死亡，并且造成残疾的程度比四肢骨折更为严重，因此不能轻视这种外伤。

(1) 急救原则

1）无意识障碍伤员的处理。伤员受伤时和伤后无意识障碍，无频繁呕吐、头痛、颈软，无明显神经定位体征，可在有人陪同下到医院就诊。

2）对短暂意识丧失伤员的处理。伤员受伤时有短暂意识丧失，但无明显神经定位体征或枕部外伤时，应在严密观察下转送到医院。

3）有神经定位体征伤员的处理。伤员受伤时有意识障碍或检查有神经定位体征，但伤员尚能对周围事物有简单反应，应立即送往设有脑外科的医院。

4）对昏迷伤员的处理。伤员受伤时就会出现意识障碍或语言混乱且持续较长时间，对外界干扰无反应，由浅昏迷到重度昏迷的伤员均应及时进行气管插管以保持呼吸道通畅，并及时送往有脑外科的医院。

(2) 急救措施

1）颅脑外伤伴有呕吐时，应保持呼吸道的通畅。口腔内异物应及时清理，必要时可以插管。

2）有开放性损伤时，先给予止血包扎，防止再污染，再进行简单的检查和处理。

3）对于重症伤员应给予脱水治疗。受伤时有短暂的意识丧失，但无明显定位体征者给予 100 毫升 50%葡萄糖溶液静脉注射；受伤时有意识障碍，但尚有简单的反应者给予 200 毫升快速静脉滴注；受伤后有较长时间的意识障碍或有神经定位体征者，静脉应推注 250 毫升 20%甘露醇、40 毫克急速尿。

26. 胸部外伤

胸部外伤在日常生活中较为常见。胸部创伤后常导致呼吸、循环功能障碍，伤情危急，死亡率较高。因此，对胸部创伤伤员都应按重伤员处理。大多数胸伤，通过比较简单的处理就可排除危险，很少需开胸手术或较复杂的处理。一些易于处理而又危及伤员生命的胸部创伤，如开放性气胸胸壁创口的封闭、张力性气胸的减压等，在现场即可进行处理。胸部伤分闭合性伤和开放性伤两大类，后者以胸膜屏障完整性是否被破坏又分为穿透性和非穿透性伤。

闭合伤常发生在日常生活中，由钝性撞伤或挤压等原因引起，可产生胸壁挫伤、肋骨骨折（伴有或不伴有连枷胸）、气胸、血胸、肺挫伤、支气管破裂、膈肌破裂、主动脉破裂、心脏挫伤或室间隔穿孔、主动脉瓣或房室瓣膜或心脏游离壁破裂。

开放伤主要由锐器如刀、剑、锐棍棒等引起。穿透伤随伤道的不同，可出现肺、气管、支气管或大血管以及腹部脏器等不同的合并损伤，造成血胸、气胸、血气胸，肺、支管裂伤，食管和膈肌穿透伤，以及心脏或大血管穿透伤、心包堵塞等严重创伤。

（1）常见症状

1）肋骨骨折

肋骨骨折在胸部损伤中最常见，一般是闭合性损伤，由直接暴力或间接暴力造成。直接暴力是胸壁直接遭受打击，使受力部位的肋骨向内弯曲以致折断。由于骨折端向内，容易损伤胸膜和肺，以致并发气胸、血气胸。间接暴力如挤压伤，一般较少并发胸膜、肺的损伤。一根肋骨在两处折断时称为肋骨双骨折，多根肋骨双骨折可造成胸壁软化，呈现反常呼吸运动，严重影响呼吸功能，如不及时处理可危及生命。

利器、火器伤所造成的肋骨骨折，均为开放性骨折，并伴有气胸、血气胸或胸内、上腹部重要器官损伤。伤员的肋骨受到创伤时，应注意观察伤员：①神志是否清楚，口鼻内有无血、泥沙、痰等异物堵塞。②前后胸有无破口。③肋骨是否骨折，有无呼吸困难。④是否有血胸和气胸。

肋骨骨折常见的症状有：①单纯骨折。只有肋骨骨折，胸部无伤口，局部有疼痛，呼吸急促，皮肤有血肿。②多发性骨折。多发性肋骨骨折，吸气时胸廓下陷。胸部多有创口，剧痛，呼吸困难。这种骨折常并发血胸和气胸，抢救不及时很快会死亡。

2）血胸

诊断要点：有胸部外伤史，又有胸膜腔内积液的体征，血胸的诊断应无困难。但在闭合性损伤且出血量不大时，可能不易诊断。最可靠的诊断方法是进行胸腔穿刺术。在现场急救中重要的是确定是否有继续出血及大约的出血量。特别是大量持续出血存时，伤员休克会逐渐加深，必须给予及时的抗休克治疗。

3）气胸

空气进入胸膜腔会造成气胸。胸部穿入性损伤，气管、支气管、食管破裂以及骨折端戳破胸膜、肺组织时，均可并发气胸。

根据胸膜空气通道的情况。气胸可分为闭合性、开放性和张力性三种。空气进入胸膜腔后，空气通道已经闭合，称为闭合性气胸；空气通道继续畅通，空气仍可进出胸膜腔，称为开放性气胸；空气能进入胸膜腔，但不易排出，胸膜腔内气体不断增加，压力逐步上升，则称为张力性气胸。诊断要点如下：

①有胸部外伤史。

②闭合性气胸。气胸内有少量气体时，伤员仅略感胸部疼痛。

③气胸内有大量气体时，则有胸闷、气急等症状。

④如胸壁有伤口，并有空气进出响声，可肯定为开放性气胸。

⑤胸部闭合性损伤，伤处皮下有气肿时，多有气胸存在，如广泛发生皮下气肿，往往为张力性气胸。

⑥肺组织裂伤，伤员有咯血。

（2）急救措施

1）肋骨骨折

①如果是简单肋骨骨折，急救应做的处理是固定胸部。准备宽 7~8 厘米、长约伤员胸围 3/4 的橡皮膏 3~4 条。请伤员

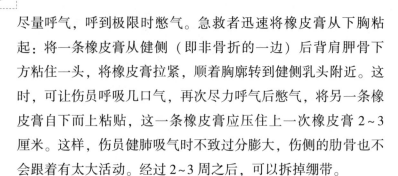

尽量呼气，呼到极限时憋气。急救者迅速将橡皮膏从下胸粘起：将一条橡皮膏从健侧（即非骨折的一边）后背肩胛骨下方粘住一头，将橡皮膏拉紧，顺着胸廓转到健侧乳头附近。这时，可让伤员呼吸几口气，再次尽力呼气后憋气，将另一条橡皮膏自下而上粘贴，这一条橡皮膏应压住上一次橡皮膏 2~3 厘米。这样，伤员健肺吸气时不致过分膨大，伤侧的肋骨也不会跟着有太大活动。经过 2~3 周之后，可以拆掉绷带。

②多发性骨折用宽布或宽胶布围绕胸腔半径固定即可，并速请医生处理。

③有条件时吸氧。遇气胸时，急救处理后速送往医院。

2）血胸

①胸腔少量出血，伤员一般情况好，症状轻微，有伤口者给予包扎后即可转送医院，途中严密观察心率、血压的变化。

②胸腔大量进行性出血，症状较重，出现休克者，在给予抗休克处理的情况下立即转送医院。

3）气胸

①闭合性气胸气体量不多，症状轻者可在观察下送往医院；肺压缩超过 30%，症状较重者，应行胸腔穿刺抽气后送往医院。

②开放性气胸。胸壁有穿入性伤口，应立即用厚实敷料封盖包扎，然后送往医院，如图 5-1 所示。

③张力性气胸。应立即于胸膜腔内插入排气针排气，或进行胸腔闭式引流，情况许可后送往医院。

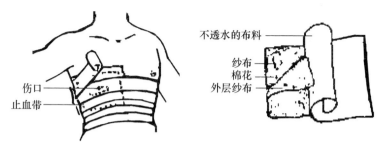

图 5-1　厚实敷料封盖包扎

27. 腹部外伤

腹部外伤多见于火器伤、刀刺伤、意外灾害，如地震、车祸等。根据腹膜与外界是否相通，分为开放性和闭合性损伤两类。

无论是开放性还是闭合性腹部外伤都能引起出血、内脏损伤、休克或感染，甚至死亡。因此，加强现场对腹部外伤的急救和安全快速运送伤员到达医院，对提高腹部外伤的治愈率、降低死亡率有重要意义。

（1）常见症状

1）伤员常有恶心、呕吐和吐血的情况，应首先注意观察其变化。

2）伤员有时腹部无破口，也会有腹部内脏的破裂出血，如胃、胰、肝、脾、肠，以及肾、膀胱等，医学上叫内出血。如微量出血则症状不明显；如伤者大量出血，腹部会出现膨胀，很快还会出现恶心、呕吐、疼痛、大小便出血等症状。若伤员出现面色苍白，脉搏快速且微弱，血压下降，甚至休克的症状时，可能腹内有其他脏器损伤。

3）腹部轻微损伤时，表现为腹痛，腹壁紧张，压痛或有肿胀、血肿和出血。

（2）急救方法

1）保持气道通畅，使呼吸正常。

2）若伤者肠子露在腹外时，不要将肠子送回腹腔，应将上面的泥土等用清水或用1%盐水冲干净，清除污物，再用无菌或干净毛巾覆盖，以免加重感染，或用饭碗、盆扣住外露肠管，再进行保护性包扎。如腹壁伤口过大，大部分肠管脱出，又压迫肠系膜血管时，可清除污物后将肠管送入腹腔，再包扎伤口。

3）伤者屈膝仰卧，安静休息，绝对禁食。如有出血时应立即止血。

4）心跳呼吸骤停者，口对口呼吸和胸外按压心脏复苏应同时进行。

5）速请医生来急救或速送至附近医院抢救，有条件时在抢救途中给氧、输血、输液。

28. 骨折伤

骨折是指由于外伤或病理等原因，致使骨质部分或完全断裂的一种疾病。其主要临床表现为：骨折部有局部性疼痛和压痛，局部肿胀和出现瘀斑，肢体功能部分或完全丧失，完全性骨质尚可出现肢体畸形及异常活动。骨折应与单纯的关节扭伤区分开来，因为二者治疗原则不同。

（1）常见症状

1）观察受伤部位的外形的变化。多数骨折，外形都有所改变。

①头骨碎裂，尤其受到重物打击，头骨会出现一个凹陷，这是颅骨凹陷性骨折。如果严重凹陷，还会压迫大脑，造成脑损伤。

②四肢骨折，断骨再度分离，发生错位，伤肢会缩短（短于健肢）、弯曲，甚至折成一个角度。

不过，骨折的种类很多，有些骨折只是有裂痕，断端没有发生错位，外形不会有改变。又如骨盆断裂，即使断处有分离，医生必须做特殊测量才能发现。所以，没有外形改变，并不能认为没有发生骨折。

2）骨折一定会有疼痛感，伤处肿胀；注意伤处不能活动，否则会引发剧痛。

伤员自主活动断骨，会听到断骨之间互相摩擦的声音（医生称它为骨擦音），这也是骨折所特有的征象（断骨之间互相断开时，才会出现骨擦音）。

（2）急救措施

1）处理伤口。对出血伤口或大面积软组织撕裂伤，应立即用急救包、绷带或清洁布等予以压迫包扎，绝大多数可达到止血的目的。有条件者，在包扎前先用双氧水和凉开水清洗伤口，再用酒精消毒，做初期清创处理。对伤口处外露的骨折断端、肌肉等组织，切忌将它们送回伤口内，这会将细菌和异物带进伤口深部而引起化脓性感染。如有条件，可用消毒液冲洗伤口后，再用无菌敷料或干净布带暂时包扎伤口，然后送到医院后再做进一步处理。骨折部位随着时间的推移会越来越肿，所以每隔 30 分钟要重新包扎一次。多处受伤的伤员，急救应以关键部位为主。

2）固定断骨。及时正确地固定断骨，可减少伤员的疼痛及周围组织的继发损伤，同时也便于伤员的搬运和转送。固定断骨的工具可就地取材，如棍、树枝、木板、拐杖、硬纸板等都可作为固定器材，但其长短要以固定住骨折处上下两个关节或不使断骨处错位为准。如一时找不到可固定断骨的硬物，也可用布带直接将伤肢绑在伤员身上。

3）适当止痛。骨折会使人疼痛难忍，特别是有多处骨折时，容易导致伤员发生疼痛休克，因此，可以给伤员口服止痛片等，做止痛处理。

4）安全转运。经过现场紧急处理后，应将伤员迅速、安全地转运到医院进一步救治。转运伤员过程中，要注意动作轻稳，防止震动和碰撞伤处，以减少伤员的疼痛。同时还要注意伤的保暖和体位，昏迷伤员应保持呼吸道畅通。在搬运伤员时，不可采取一人抱头、一人抱脚的搬运方法，也不应让伤员屈身侧卧，以防骨折处错移、摩擦而引起疼痛和损伤周围的血管、神经及重要器官。抬运伤员时，要多人同时缓缓用力平托；运送时，必须用木板或硬材料制成的担架，不能用布担架或绳床。木板上可垫棉被，但不能使用枕头，颈椎骨骨折者的头须放正，两旁用沙袋将头固定住，不可以让头随意晃动。脊柱骨折或颈部骨折时，除非是特殊情况，如室内失火，否则应让伤员留在原地，等待携有医疗器材的医护人员来搬动。

29. 上肢骨折

上臂、前臂（大胳臂和小胳臂）和手这三处的骨折，都属于上肢骨折。

（1）常见症状

1）上臂骨折

上臂只有一根骨头，名为肱骨。人在跌倒时手或肘着地，冲击力直接作用于上臂，或者人在投掷时用力过大过猛，都有可能使肱骨承受不了，发生断裂。

如果出现以下症状，应考虑伤员上臂有骨折情况：

①上臂肿、痛，出现畸形。

②伤员不敢活动上臂。

③按伤处马上引起疼痛。

2）前臂骨折

前臂有桡骨和尺骨。它们虽能单独骨折，但两骨同时骨折的较为常见。前臂发生骨折，多因受到外力的直接冲击，或跌倒时手掌着地所引起。前臂骨折的常见症状有：前臂不能活动，又肿又痛；如果断骨错位，还能出现小胳臂扭转、折成角度等畸形。

3）手腕骨折

常见的腕部骨折从侧面看，整个手腕不是平直的，而成锅铲状畸形；此外，还有肿、痛、腕关节不能活动等症状。

4）手指骨折

容易出现畸形和畸状活动。稍移动伤指，可以听到骨擦音，同时伴有肿痛。

（2）急救措施

1）上臂骨折

①牵引的同时放好伤肢的位置。牵引的做法是：一手握住前臂近肘弯处，另一手握住伤员的手腕。握前臂的手，慢慢地一点点用力，向下拉（假如伤员是站立位）。牵拉时，必须顺着伤肢原来的位置成一直线，切不可猛然拉动。握住伤员手腕的手，要逐渐将前臂一点点地弯曲，使伤员的前臂弯成直角（前臂垂直于上臂），腕关节稍背屈，并使上臂渐渐向身体靠拢，伤员伤肢手心紧贴胸壁。这么做，伤肢既不会痛，还能放在合适的位置上（医生称这种姿势为功能位）。以后固定包扎时要一直保持这种姿势。

②上臂骨折固定。用一块夹板，捆绑住上臂。注意手的姿势，应该贴胸放置。用大三角巾将手臂兜住，使伤肢悬吊在颈部。再用另一块三角巾，将上臂和胸廓固定在一起，使伤肢无法做任何方向的活动。

③用夹板固定伤肢。用两块长条薄木片，将伤肢夹在中间，使伤肢无法活动。夹板最好长短不一，按伤员上臂长度来选用。每块夹板贴住伤肢的一面，最好放上棉花垫或旧布块（紧急时，干毛巾也可以），再用绷带或布条缠好。没有夹板时，树枝、木棍、雨伞等都可代替使用。

用于肱骨骨折的夹板，应一长一短，宽度相等（宽约8厘米，一块长约 46 厘米，另一块稍短些，长度等于从腋窝到肘弯的距离即可）。短的一块木板，一端包一块棉花垫或毛巾，夹在腋窝侧，顶住腋窝；板的另一端在肘弯之上，板面贴住上臂的内侧。长的一块贴在伤肢外侧。再用两块三角巾折叠成条，将两板缚住，结头朝外。

④另找一块三角巾（布条、绳子都可代用），兜住前臂，吊在颈项上。手掌应贴胸，比肘高 7 厘米左右为宜。为了避免伤肢移动，再找一块三角巾，捆住伤肢和胸壁，结头打在腋窝前。

没有木板，也可用三角巾做固定。先用一块棉垫（可用毛巾代替），塞在伤肢腋窝下。并准备两块三角巾，一块先兜住前臂和手腕，但这时不要悬吊打结，只放在前臂就可以。另一块三角巾叠成 35 厘米左右的宽条，宽条中点放在受伤的上臂上方，正好从肩部向下，将两端绕过胸背，绕到对方腋窝下打结。这块三角巾的包扎要紧些，目的是固定牢靠，不会左右移动。最后，把起初悬吊前臂的三角巾悬挂在颈上，打结固定。

2）前臂骨折

①牵引方法：一手握住伤员的上臂，顺着前臂的方向上拉；另一手拉住伤员的手，顺着前臂的方向下拉。拉动时要缓慢而轻柔，并逐渐加力，使两头断骨离开。前臂伸直之后可以固定。

②夹板固定方法：用两块宽约 8 厘米、长约 46 厘米的薄木片，两端各包上棉花（同上臂骨折一样）。一块放在前臂的手心面，一块夹在前臂手背面，两块夹板将整个前臂夹住（包括手在内），两块三角巾折成宽条（或用布条），将夹板捆

住。接着一手捏住上臂，另一手握住两块夹板，轻轻将前臂放平（即肘弯弯曲），手心贴胸，手应略高于肘。用宽三角巾将前臂悬挂在颈上。

如果一时找不到木片，可用书报代替。找几张报纸或几本杂志，用这些书或报纸围住前臂，一端从肘弯以内起，另一端包到手指，用三角巾将它捆好，再用大三角巾将前臂悬吊在颈上（手心朝胸）。注意事项和用夹板固定法一样。

3）手腕骨折

①牵引方法：一手握腕，保持不动；另一手捏住伤指远端，顺着手指方向轻轻拉开。然后找干净棉花或柔软布块，揉成拳头大小的一团（用纸团也可以），外面包上一块干净布片，让伤指轻轻握住，将伤手用绷带包扎起来。

②以三角巾兜住前臂，悬吊在颈项上。但要注意手心朝地，伤手高度高于肘。

30. 脊柱骨折

脊椎管内有脊髓，如有断裂、骨折等损伤，则容易引起截瘫等不良后果。

（1）判断方法

1）从高空摔下，臀或四肢先着地。

2）重物从高空直接砸压在头或肩部。

3）脊柱直接受到暴力冲击。

4）正处于弯腰弓背时受到挤压力。

5）背腰部的脊椎有压痛、肿胀，或有隆起、畸形。

6）双下肢麻木，活动无力或不能。

通过询问伤员，再综合上述判断方法，判断是否有脊柱骨折并进行急救。

（2）急救措施

1）如伤员仍被瓦砾、土方等压住时，不要强行拉扯暴露在外面的肢体，以防加重血管、脊髓、骨折的损伤，应立即将压在伤员身上的东西搬掉。

2）颈椎骨折时，要用衣物、枕头等固定伤员的头部。

3）如胸腰脊柱骨折，应使伤员平卧在硬板上，身两侧用枕头、砖头、衣物塞紧，固定脊柱为正直位。搬运时需 3 人同时工作，具体做法是：三人均蹲在伤员的一侧，一人托肩背，一人托腰臀，一人托下肢，协同动作，将伤员仰卧位放在硬板担架上，腰部用衣褥垫起。

4）对身体创口部分进行包扎止血。

（3）注意事项

完全或不完全骨折损伤，均应在现场做好固定且防治并发症，特别要采取最快方式送往医院，在护送途中应严密观察伤员的伤势。

1）可疑脊柱骨折，脊髓损伤时立即按脊柱骨折要求进行急救。

2）运送中应使用硬板床、担架、门板，不能用软床。禁止 1 人抱、背，应当 2~4 人抬，以防止加重脊柱、脊髓损伤。

3）搬运时靠拢伤员下肢，使伤员两上肢贴于腰侧，并保持伤员的体位为直线。伤员胸、腰、腹部损伤时，在搬运中，腰部要垫小枕头或衣物。

31. 下肢骨折

（1）常见症状

1）大腿骨折

大腿骨，又称为股骨。跌伤、暴力打击，或者受车辆撞击等，都是引起股骨骨折的原因。常见症状有：①下肢不能活动。②骨折的地方有疼痛感，活动会加剧疼痛。③可能出现畸形，折成一个角度，腿向外扭转。④伤肢和健肢对比缩短。⑤有时还可能有伤口，成开放骨折。⑥重伤伤员可同时有休克出现。

2）小腿骨折

小腿骨有两根骨头，胫骨和腓骨。两骨同时折断比较常见。外力打击，从高处跌下时脚着地，或者脚着地后猛力一扭，都能引起小腿骨折。常见症状有：①脚向外扭。②受伤后的小腿较健肢缩短。③伤处肿、痛，无法活动。

（2）急救措施

1）大腿骨折

①牵引方法：要移动伤腿，必须先牵引。一手先托住伤腿足跟；另一手拉住足背，顺着大腿方向（这是指伤员仰卧时的方向）牵拉伤腿，用力要大，但须缓慢，一点点地加力，

如图 5-2 所示。

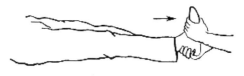

图 5-2　腿部牵引

　　提起伤腿时，还需要有另一人托住大腿下部和小腿肚处，然后再提起。

　　②夹板固定：先将伤腿伸直，并和健肢并拢。找 4～7 块三角巾（叠成宽条）或宽布条（围巾、毛巾也可以），一条放在心口处，一条放在大腿根，一条放在膝盖，一条放在小腿。三角巾都要摊平，压在身体下方。

　　找两块窄长木板条（一长一短）。每块木板的一端用棉花垫（毛巾或叠好的布块）包住。长的一块塞入腋窝，短的一块塞入胯下，正好夹住大腿的内外两面。没有两块木板，只要有长的一块也可以（但需多一块三角巾，将双足捆绑在一起）。找几块棉花垫，塞在肢体旁和脚踝处，以免突出的骨块与木板相碰产生疼痛。然后分别给每块三角巾的两头打结，以固定夹板，如图 5-3 所示。

　　③搬运方法：3 人并排单腿跪地，跪在伤员身体同一侧。一人托头和上背，一人托腰和臀部，第三人托住大腿和小腿。一齐起立，一起放下，将伤员仰放在担架上，然后抬送至医院。

　　2）小腿骨折

　　①牵引方法和大腿骨折相同。

　　②夹板固定的做法：找一块长木板条，一端垫上棉花或衣

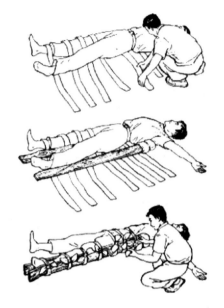

图 5-3　夹板固定

服，外缠布条，贴在伤腿的外方或下方，夹板的一端到大腿上部，另一端到足跟。用 4 条三角巾分别放在大腿，膝盖上、下方，脚踝上方，将腿与夹板固定到一起，如图 5-4 所示。

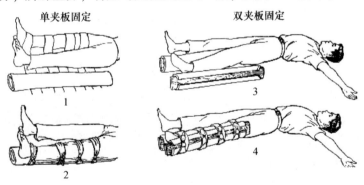

图 5-4　小腿骨折的两种固定方法

图5-4中，前两图是单夹板固定，注意固定带放置的位置，脚踝一条，膝关节上下各一条，大腿根处一条，共4条。夹板外部应包有布块或软毯。图1，先将带子放好；图2，伤肢放在夹板上，把各条带子逐一捆绑住伤肢，打结固定。后两图为双夹板固定，图3，用两块夹板，各用布块或软毯裹住；图4，一块夹板放在伤肢内侧，另一块放在外侧，两块夹板用四带宽布条捆绑固定。

③运送：伤员如果不能自己行走，应该仰卧在担架上，运送至医院。

32. 吸入性损伤

吸入性损伤是指热空气、蒸气、烟雾、有害气体、挥发性化学物质等致伤因素和其中某些物质中的化学成分被人体吸入所造成的呼吸道和肺实质的损伤，以及毒性气体和物质吸入引起的全身性化学中毒。

吸入性损伤主要归纳为以下三个方面：一是热损伤，吸入的干热或湿热空气直接造成呼吸道黏膜实质的损伤。二是窒息，因缺氧或吸入窒息剂引起窒息，这是火灾中常见的死亡原因。一方面由于在燃烧过程中尤其是密闭环境中大量的氧气被急剧消耗，高浓度的二氧化碳可使伤员窒息；另一方面含碳物质不完全燃烧可产生一氧化碳，含氮物质不完全燃烧可产生氰化氢，两者均为强力窒息剂，吸入人体后可引起氧代谢障碍导致窒息。三是化学损伤，火灾烟雾中含有大量的粉尘颗粒和各种化学性物质，这些有害物质可引起局部刺激或被吸收引起呼吸道黏膜的直接损伤和广泛的全身中毒反应。

此时应迅速使伤员脱离火灾现场，将其置于通风良好的地方，清除口鼻分泌物和碳粒，保持呼吸道通畅，有条件者给予导管吸氧。判断是否吸入窒息剂，有无一氧化碳、氰化氢中毒的可能性，及时送医疗中心进一步处理，途中要严密观察伤员，防止其因窒息而死亡。

33. 电击伤

电击伤俗称触电，是由于电流或电能（静电）通过人体，造成机体损伤或功能障碍，甚至死亡。大多数是由于人体直接接触电源所致，也有被数千伏以上的高压电击伤所致。

接触1 000伏以上的高压电多出现呼吸停止，220伏以下的低压电易引起心肌纤颤及心搏停止，220~1 000伏的电压可致心脏和呼吸中枢同时麻痹。

（1）常见症状

轻伤者有心慌、头晕、面色苍白、恶心、四肢无力等症状，但神志清楚，呼吸、心跳规律。轻伤者一般只需脱离电源，安静休息，注意观察，无须特殊处理。重伤者呼吸急促、心跳加快、血压下降、昏迷、心室颤动、呼吸中枢麻痹以至呼吸停止。

触电局部可有深度烧伤，呈焦黄色，与周围正常组织分界清楚，有两处以上的创口，一个入口、一个或几个出口，重者创面深及皮下组织、肌腱、肌肉、神经，甚至深达骨骼，呈碳化状态。

（2）急救措施

1）尽快切断电源。立即拉下总闸门或关闭电源开关，拔掉插头，使触电者尽快脱离电源。急救者可用绝缘物（干燥竹竿、扁担、木棍、塑料制品、橡胶制品、皮制品）挑开接触伤员的电源，使伤员迅速脱离电源。

2）如伤员仍在漏电的机器上，尽快用干燥的绝缘棉衣、棉被等将伤员推拉开。

3）未切断电源之前，抢救者忌用自己的手直接去拉触电者，否则自己也会立即触电受伤。因为人体是良导体，极易导电。

4）当确认伤员心跳停止时，在进行心肺复苏后，才可使用强心剂。

5）触电灼烧伤应合理包扎。在高空高压线触电抢救中，要注意防止摔伤。

6）抢救者最好穿胶鞋，并踏在木板上。心跳、呼吸停止时还可心内或静脉注射肾上腺素、异丙肾上腺素。血压仍低时，可注射间羟胺、多巴胺，呼吸不规则注射尼可刹米、山梗菜碱。

（3）注意事项

抢救者应在确认触电者已与电源隔离，且抢救者安全距离内无危险电源时，方能接触伤员进行抢救。

在抢救过程中，不要为方便而随意移动伤员，如确需移动，应使伤员平躺在担架上并在其背部垫以平硬阔木板，不可让伤员身体蜷曲着进行搬运。移动过程中应继续抢救。

任何药物都不能代替心肺复苏，对触电者用药或注射针剂，应由有经验的医生诊断确定，慎重使用。

抢救过程中，应每隔数分钟判定一次伤员情况，每次判定时间均不得超过一秒。做人工呼吸要有耐心，尽可能坚持抢救4小时以上，或者一直抢救到确诊死亡时为止，如需送医院抢救，在途中也不能中断急救措施。

在医务人员未接替抢救前，现场抢救者不应放弃现场急救，只有医生有权做出伤员死亡的诊断。

（4）预防雷击

1）室内预防雷击

①电视机的室外天线在雷雨天要与电视机脱离。

②雷雨天气应关好门窗，防止球形闪电窜入室内造成危害。

③雷雨天气，人体最好距可能传来雷电侵入波的线路和设备1.5米以上。具体的防御措施如下：

A. 尽量暂时不用电器，最好拔掉电源插头。

B. 不要打电话。

C. 不要靠近室内的金属设备，如暖气片、自来水管、下水管。

D. 要尽量离开电源线、电话线、广播线，以防止这些线路和设备对人体的二次放电。

E. 不要穿潮湿的衣服，不要靠近潮湿的墙壁。

2）室外预防雷击

雷电通常会击中户外最高的物体尖顶，所以孤立的高大树木或建筑物往往最易遭受雷击。人们在雷电天气时，在户外应遵守以下规则，以确保安全。

①雷雨天气时不要停留在高楼平台上，在户外空旷处不宜进入孤立的棚屋、岗亭等。

②远离建筑物外露的水管、煤气管等金属物体及电力设备。

③不宜在大树下躲避雷雨，如万不得已，需与树干保持 3 米距离，下蹲并双腿靠拢。

④如果在雷电交加时，头、颈、手处有蚂蚁爬走感，头发竖起，说明将发生雷击，应赶紧趴在地上，并除去身上佩戴的金属饰品等，这样可以减少雷击的危险。

⑤如果在户外遭遇雷雨，来不及离开高大物体时，应立即寻找干燥的绝缘物放在地上，并将双脚并拢坐在上面，切勿将脚放在绝缘物以外的地面上，因为水能导电。

⑥在户外躲避雷雨时，应注意不要用手撑地，同时双手抱膝，胸口紧贴膝盖，尽量低下头，因为头部较身体其他部位最易遭到雷击。

⑦当在户外看见闪电几秒钟内就听见雷声时，说明正处于近雷暴的危险环境，此时应停止行车，两脚并拢并立即下蹲，不要与人拉在一起，最好使用塑料雨具、雨衣等。

⑧在雷雨天气中，不宜在旷野中打伞，或高举羽毛球拍、高尔夫球棍、锄头等；不宜进行户外球类运动，雷雨天气进行高尔夫球、足球等运动是非常危险的；不宜在水面和水边停留；不宜在河边洗衣服、钓鱼、游泳、玩耍。

⑨在雷雨天气中，不宜快速开摩托、快骑自行车和在雨中狂奔，因为身体的跨步越大，电压就越大，也越容易受伤。

⑩如果在户外看到高压线遭雷击断裂，此时应提高警惕，因为高压线断点附近存在跨步电压，身处附近的人此时千万不要跑动，而应双脚并拢，跳离现场。

⑪如在车厢里，不要将头、手伸出。无论在车内车外，都要尽量保持身体干燥不被淋湿，因为潮湿状态更易遭雷击。

34. 淹溺

当出现淹溺的情况时尽快将溺水者打捞到陆地上或船上，立刻做俯卧人工呼吸，至少持续 15 分钟，不可间断。同时他人解开溺水者衣扣，检查呼吸、心跳情况，被救起的溺水者若尚有呼吸、心跳，可先将溺水者体内的水排出，动作要敏捷，切勿因此延误其他抢救措施。清除溺水者口鼻腔内可能存在的污泥、杂草、呕吐物等异物，保持呼吸道通畅，注意保暖。

（1）常见症状

淹溺的临床表现有轻有重。轻症者会出现头痛、咳嗽、胸痛、呼吸困难等症状，后逐渐出现寒战、发热等感染表现；严重者，会直接出现神志丧失、呼吸停止、大动脉搏动消失等临床死亡表现。这其中的差异取决于溺水时间长短、吸水量多少等。

（2）急救措施

1）救护者一腿跪地，另一腿屈膝，将溺水者的腹部置于救护者屈膝的大腿上，将溺水者头部下垂，然后用手按压背部使呼吸道及消化道内的水倒排出来。

2）抱住溺水者双腿，将其腹部放在救护者的肩上并快步走动。

3）如溺水者呼吸、心跳已停止，应立即进行心肺复苏术。吹气量要偏大，吹气频率为每分钟 14~16 次，并坚持较长的时间，切不可轻易放弃。

4）昏迷者可用针刺人中、涌泉、内关、关元等穴，强刺激留针 5~10 分钟。

5）呼吸、心跳恢复后，人工呼吸节律可与溺水者呼吸一致，待自主呼吸完全恢复后可停止人工呼吸，同时用干毛巾向心按摩四肢及躯干皮肤，以促进血液循环。淹溺救治的重点是尽快改善淹溺者低氧血症，恢复有效血循环及纠正酸中毒。

6）有外伤时应对症处理，如包扎、止血、固定等。

7）苏醒后继续治疗，防治溺水后并发症。酌情补液及维持电解质及酸碱平衡。

8）必要时进行血液动力学监测。放置胃管排出胃内容物，以防误吸呕吐物。应用抗菌药物，以防治吸入性肺炎及其他继发感染。

9）警惕急性肺水肿、急性肾功能衰竭及脑水肿等并发症。针对干性溺水、咸水溺水、淡水溺水不同病因，正确施救，呼吸、心跳恢复后应送往医院救治，运送途中可给氧、适量静脉输液及补充碳酸氢钠。淹溺紧急救治应迅速做血气及酸碱状态检查，轻度缺氧者需吸氧并观察 12~24 小时；重度缺氧及意识丧失者须做气管插管并间歇性或连续性正压通气治疗。纠正酸中毒可在静脉输入较大剂量碳酸氢钠（1~2 毫摩尔/千克）并适当过度通气。对淡水淹溺者可输入 3% 高渗盐水、浓缩血浆或白蛋白，并适当使用利尿剂；对海水淹溺者则静脉输入 5% 葡萄糖液、右旋糖酐 500 毫升滴注及血浆等。救治过程中，应对肺、心、肾、脑、血气及酸碱状态等进行重点监护，注意防治肺水肿、肺部感染、肾功能衰竭及脑水肿等并发症。

（3）注意事项

1）不要因倒水而影响其他抢救。

2）要防止急性肾功能衰竭和继发感染。

3）注意是否合并肺气压伤和减压病。

4）不要轻易放弃抢救，特别低体温者（<32 摄氏度）应抢救更长时间。

溺水者现场紧急救护非常重要。根据抢救经验，通过现场的救护措施，如人工呼吸等，会大幅增加溺水者生还的概率。人工呼吸的时间一般都比较长，救护者要有信心和耐心，千万不要轻易放弃。

35. 鼻出血

鼻出血在生活中很常见，尤其气候干燥的地方更容易发生。由于鼻黏膜的血管较丰富，位置较浅，受外伤或鼻腔本身疾患影响就很容易出血。鼻出血的部位大多在鼻中隔前下方的易出血区，青少年、儿童绝大多数都发生在此部位；中老年多见于鼻腔后部的鼻咽静脉丛和鼻中隔后部的动脉出血。

鼻出血原因可分为局部原因和全身原因。局部原因有鼻外伤、鼻黏膜干燥、急慢性鼻炎、鼻窦炎、鼻息肉、鼻疖、鼻肿瘤等，全身原因有高热、高血压、血液病、肝脏病、尿毒症等。有些妇女在月经期时也容易鼻出血，医学上称为子宫内膜异位症，发病机制尚不明确。另外，营养障碍、维生素缺乏、风湿病、某些急性传染病及汞、磷、砷等化学物质中毒等均可引起鼻出血。

（1）常见症状

鼻出血多发生于一侧鼻孔。出血量少时，仅鼻涕中带有血丝；出血量多时，血可由一侧鼻孔涌出或从两侧鼻孔同时流出。出血量过大时，可出现头晕、口渴、乏力、面色苍白、出冷汗、心慌、脉搏细速、血压下降，甚至休克。

（2）急救措施

少量的鼻出血，往往会自行停止，一般无须特殊治疗，鼻出血后首先要对症止血再积极寻找病因。倘若出血量太多，可按如下方法紧急处理。

1）遇到鼻出血，应冷静，千万不要紧张。因为精神紧张会导致血压增高而加剧出血。其实，损失几百毫升血不会对人体造成太大的伤害，只要加强营养就会很快恢复。

2）伤员取坐位或半坐位，头向前倾，不能后仰。否则，血液会顺着咽后壁流向喉部，引起呛咳而加重出血；或血液流入胃内，引起恶心呕吐；或血液流入气管，出现呼吸困难，引起窒息。

3）伤员张口呼吸，用拇指或食指紧捏两侧鼻翼数分钟，一般捏 5~10 分钟就能自行凝固止血。或用手指按压前发际正中线下 3~6 厘米处，10~15 分钟亦可止血。

4）可用冰块、湿冷毛巾、冰袋等敷伤员前额或鼻梁处或后颈部，促使末端血液遇冷收缩止血。湿冷毛巾或冰块要经常更换，使局部保持较低温度。

5）将伤员双足浸入温水中，使下肢血管扩张，血液下行减少出血。

6）有条件者用凡士林纱布条或吸收性明胶海绵填塞出血的鼻腔，止血效果更佳。

7）可试用同侧耳孔吹气法，即将伤员患侧的耳孔拉大，然后深吸一口气，均匀地用力将气吹入其耳中，如此反复吹 3 次，一般便可以止住鼻出血。

8）将云南白药粉吹入出血鼻腔，可局部止血；也可用肾上腺素、麻黄少量滴鼻，需要注意的是此法高血压患者禁用。

9）如果出现鼻外伤，周围可以用酒精擦拭，或用生理盐水、自来水将创面及周围冲洗干净，然后涂红药水或紫药水，用干净纱布覆盖。如鼻部皮肤未破，早期给予冷敷。

10）如果鼻骨骨折，需要到医院进行复位。应避免咳嗽、打喷嚏、擤鼻等动作，同时注意卧床休息。

为防止鼻出血，生活中应多吃富含维生素的蔬菜和水果。干燥季节可在鼻腔内涂些金霉素软膏等。尤其是不能听信"举手、仰头能止流鼻血"等谣言。对于反复出血者一定要找出病因，并根据不同情况、不同原因采取不同的综合治疗方法。

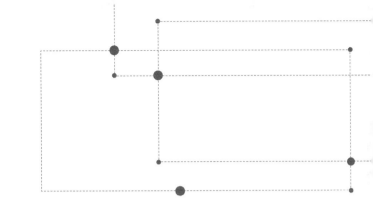

第 6 章

能量交换受损型损伤
及救助知识

36. 急性中毒

（1）相关知识

中毒是指某种物质进入人体后，通过生物化学或生物物理作用，使组织产生功能紊乱或结构损害，引起机体的病变。一般把较小剂量就能危害人体的物质称为毒物。一定毒物在短时间内突然进入机体，产生一系列的病理生理变化，甚至危及生命的病变称为急性中毒。

毒物的吸收途径有：

1）消化道吸收：口服、灌肠、灌胃等最常见，主要通过小肠吸收。

2）呼吸道吸收：吸入物呈气态、雾状，如一氧化碳、硫化氢、雾状农药等。

3）皮肤、黏膜吸收：皮肤吸收有机磷（喷洒农药）、乙醚等，黏膜吸收砷化合物。

4）血液直接吸收：注射，毒蛇、狂犬咬伤等。

（2）急救原则

发生中毒后，可分除毒、解毒和对症救护、给予伤员生命支持三步进行急救。

1）除毒

①经呼吸道吸入毒物的急救。应立即将伤员救离中毒现场，搬至空气新鲜的地方。解开衣领，以保持呼吸道的通畅。

伤员昏迷时，如有义齿要取出，还应将舌头牵引出来。

②经皮肤吸收毒物的急救。迅速使伤员离开中毒场地，脱去被污染的衣物，彻底清洗伤员的皮肤、毛发，用流动清水或温水反复冲洗身体，清除毒性物质。有条件者，可用1%醋酸或1%~2%稀盐酸、酸性果汁冲洗碱性毒物，用3%~5%碳酸氢钠或石灰水、小苏打水、肥皂水冲洗酸性毒物；敌百虫中毒忌用碱性溶液冲洗。

③眼内进入毒物的急救。迅速用0.9%盐水或清水冲洗5~10分钟，酸性毒物用2%碳酸氢钠溶液冲洗，碱性毒物用3%硼酸溶液冲洗。然后可点0.25%氯霉素眼药水，或0.5%金霉素眼药膏以防止感染。无药液时，只用微温清水冲洗亦可。

④经口误服毒物的急救。对于已经明确属口服毒物且神志清醒的伤员，应马上采取催吐的办法，使毒物从体内排出。有催吐禁忌证的伤员禁用此法。

催吐的方法如下：首先让伤员取坐位，上身前倾并饮水300~500毫升，然后伤员弯腰低头，面部朝下，抢救者站在伤员身旁，手心朝向伤员面部，将中指伸到伤员口中（若留有长指甲须剪短），用中指指肚向上勾按软腭，造成的刺激可以使伤员呕吐。呕吐后让伤员饮水并继续刺激伤员软腭使其呕吐，如此反复操作，直至吐出的是清水为止。也可用筷子、压舌板代替中指，或触摸咽部催吐。

2）解毒和对症救护

解毒和对症救护需在医院进行。

3）给予伤员生命支持

在医生到达之前或在送伤员去医院途中，对已发生昏迷的伤员应采取正确体位，防止窒息；对已发生心跳、呼吸停止的伤员应实施心肺复苏等。

37. 刺激性气体中毒

过量吸入刺激性气体可引起以呼吸道刺激、炎症乃至肺水肿为主要表现的疾病状态，称为刺激性气体中毒。

（1）主要毒物及毒性作用

最常见的刺激性气体可大致分为如下几类：

1）酸类和成酸化合物，如硫酸、盐酸、硝酸、氢氟酸等酸雾。

2）氨和胺类化合物，如氨、甲胺、乙胺、乙二胺、乙烯胺等。

3）卤素及卤素化合物，以氯气及含氯化合物（如光气）最为常见。

4）金属或类金属化合物，如氧化镉、羟基镍、五氧化二钒、硒等。

5）酯、醛、酮、醚等有机化合物，前二者刺激性尤强，如硫酸二甲酯、甲醛等。

6）化学武器，如刺激性毒剂（亚当气）、糜烂性毒剂（芥子气、氮芥气）等。

7）其他，如臭氧，可直接引起过氧化损伤。

刺激性气体的主要毒性在于可在黏膜表面形成具有强烈腐蚀作用的物质，对呼吸系统造成刺激及损伤作用，如酸类物质或成酸化合物、氨或胺类化合物、酯类、光气等。

（2）刺激性气体中毒症状

刺激性气体中毒主要存在三种中毒症状。

1）化学性（中毒性）呼吸道炎

化学性呼吸道炎主要因刺激性气体对呼吸道黏膜的直接刺激损伤作用所引起，水溶性越大的刺激性气体，对上呼吸道的损伤作用也越强，其进入深部肺组织的量也相应较少，如氯气、氨气、二氧化硫、各种酸雾等。吸入刺激性气体可同时见有鼻炎、咽喉炎、气管、支气管炎等表现及眼部刺激症状，如喷嚏、流涕、流泪、畏光、眼痛、咽干、咽痛、声嘶、咳嗽、咯痰等，严重时可有血痰及气急、胸闷、胸痛等症状；高浓度刺激性气体吸入可因喉头水肿而致明显缺氧、紫绀，有时甚至引起喉头痉挛，导致窒息死亡。较重的化学性呼吸道炎可出现头痛、头晕、乏力、心悸、恶心等全身症状。轻度刺激性气体中毒，或高浓度刺激性气体吸入早期，应及时将伤员脱离中毒现场，给予适当处理后多能很快康复。

2）化学性（中毒性）肺炎

化学性肺炎主要是指由进入呼吸道深部的刺激性气体对细支气管及肺泡上皮的刺激损伤作用引起的中毒性肺炎，常见表现除呼吸道刺激症状外，还表现为较明显的胸闷、胸痛、呼吸急促、剧烈咳嗽、痰多，甚至咯血；体温多有中度升高，伴有较明显的全身症状，如头痛、畏寒、乏力、恶心、呕吐等，一般可持续3~5天。

3）化学性（中毒性）肺水肿

化学性肺水肿是吸入刺激性气体后最严重的表现，如吸入高浓度刺激性气体可在短期内迅速出现严重的肺水肿。但一般情况下，化学性肺水肿多由化学性呼吸道炎乃至化学性肺炎演进而来，如积极采取措施，减轻乃至防止肺水肿的发生，对改善预后有重要意义。

肺水肿主要特点是突然出现呼吸急促、严重胸闷气短、剧烈咳嗽、吐出大量泡沫痰等症状，呼吸常达 30～40 次/分以上，并伴明显紫绀、烦躁不安、大汗淋漓，不能平卧。多数化学性肺水肿治愈后不留后遗症，但有些刺激性气体，如光气、氮氧化物、有机氟热裂解气等引起的肺水肿，在恢复 2～6 周后可出现逐渐加重的咳嗽、发热、呼吸困难等症状，伤员甚至死于急性呼吸衰竭；还有些危险化学品，如氯气、氨气等可导致慢性堵塞性肺疾患；有机氟化合物、现代建筑失火烟雾等则可引起肺间质纤维化等。

(3) 刺激性气体中毒的急救措施

刺激性气体中毒现场急救原则是：迅速将伤员带离事故现场，对无心跳呼吸者采取心肺复苏。

38. 窒息性气体中毒

(1) 窒息性气体

过量吸入窒息性气体造成机体以缺氧为主要环节的疾病状态，称为窒息性气体中毒。窒息性气体中毒是最常见的急性中毒。据全国职业病发病统计资料，窒息性气体中毒高居急性中毒之首，由其造成的死亡人数占急性职业中毒总死亡数的

65%。根据窒息性气体毒作用的不同，可将其大致分为三类。

1）单纯窒息性气体

属于这一类的常见窒息性气体包括氮气、甲烷、乙烷、乙烯、丙烯、二氧化碳、水蒸气及氩、氖等惰性气体。这类气体毒性很低，或属惰性气体，但在空气中大量存在，可使吸入的气体中氧含量明显降低，导致机体缺氧。正常情况下，空气中氧含量约为 20.96%，若氧含量小于 16%，可造成呼吸困难；氧含量小于 10%，可引起昏迷甚至死亡。

2）血液窒息性气体

常见的血液窒息性气体有一氧化碳、一氧化氮、苯的硝基或氨基化合物蒸气等。血液窒息性气体的毒性在于它们能明显降低血红蛋白对氧气的化学结合能力，从而造成组织供氧障碍。

3）细胞窒息性气体

常见的细胞窒息性气体有氰化氢和硫化氢。这类毒物主要作用于细胞内的呼吸酶，阻碍细胞对氧的利用，故此类毒物也称为细胞窒息性毒物。

（2）中毒症状

1）缺氧表现

缺氧是窒息性气体中毒的共同致病环节，缺氧症状是各种窒息性气体中毒的共有表现。轻度缺氧时主要表现为注意力不集中、智力减退、定向力障碍、头痛、头晕、乏力；较重时可有耳鸣、呕吐、嗜睡、烦躁、惊厥或抽搐，甚至昏迷。但上述症状往往被不同窒息性气体的独特毒性所干扰或掩盖，故并非不同窒息性气体引起的相近程度的缺氧都有相同的临床表现。

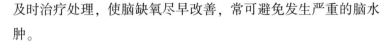

及时治疗处理，使脑缺氧尽早改善，常可避免发生严重的脑水肿。

2）急性颅压升高表现

①头痛。头痛是急性颅压升高的早期症状，为全头剧烈疼痛，前额尤甚，任何可增加颅内压的因素如咳嗽、喷嚏、排便，甚至突然转头均可使头痛明显加重。

②呕吐。呕吐是急性颅内压升高的常见症状，主要因延髓的呕吐中枢受压所致，但窒息性气体中毒所致脑水肿以细胞内水肿为主。

③抽搐。抽搐常为频繁的癫痫样抽搐发作，主要因大脑皮层运动区缺血缺氧或水肿压迫所致；若累及脑干网状结构，则可出现阵发性或持续性肢体强直。

④视盘水肿。窒息性气体中毒一般在 2～3 天后才逐渐显现颅内压升高，故中毒早期未能检查视盘水肿并不能排除脑水肿存在。

⑤心血管系统变化。早期血压升高、脉搏缓慢，是延髓心血管运动中枢被水肿压迫及缺血缺氧代偿作用所致；若延髓功能衰竭，则可见血压急剧下降，脉搏变得微弱、快速。

⑥呼吸变化。早期表现为呼吸深慢，亦为延髓的代偿性反应；呼吸中枢若有衰竭，则呼吸转为浅慢、不规则，或有叹息样呼吸，严重时可发生呼吸骤停。

⑦其他表现。颅内高压刺激迷路和前庭，可引起耳鸣、眩晕；外展神经受压引起外展神经麻痹；延髓交感神经中枢刺激，可导致脑性肺水肿。

(3) 急救措施

窒息性气体中毒有明显剂量—效应关系，侵入体内的毒物数量越多，危害越大，故应尽快中断毒物侵入，解除体内毒物毒性。抢救措施开始得越早，机体的损伤越小，并发症及后遗症也越少。

1) 中断毒物继续侵入

迅速将伤员带离危险现场，同时清除衣物及皮肤污染源。如为硫化氢中毒伤员应尽快脱去污染工作服。

2) 解毒措施

单纯窒息性气体如氮气，并无特殊解毒剂，但二氧化碳吸入可使用呼吸兴奋剂，严重者用机械过度通气，以排出体内过量二氧化碳。血液窒息性气体中，对一氧化碳无特殊解毒药物，但可给伤员吸入高浓度氧以加速一氧化碳血红蛋白解离。

3) 脑水肿的防治

脑水肿是缺氧引起的最严重后果，也是引起窒息性气体中毒死亡最重要原因，故为成功抢救急性窒息性气体中毒的关键；其要点是早期防治，避免脑水肿发生或减轻危害程度。

39. 食物中毒

(1) 常见症状

食物中毒一般为食用被细菌或细菌毒素污染的食物，或者食物中已含有毒素而引起的急性中毒性疾病。根据病情原因的不同会有不同的临床表现。胃肠道方面最多见的就是腹痛、腹胀、恶心、呕吐、腹泻，严重的可以引起发热，更严重的可以引起电解质的紊乱，甚至后续可能引发血液的变化。

（2）急救措施

1）尽快催吐

①用筷子或手指轻碰伤员咽壁，促使呕吐。

②如毒物太稠，可取食盐 20 克，加冷开水 200 毫升，让伤员服用。

③捣碎鲜生姜 100 克取汁，用 200 毫升温开水冲服。

④肉类食品中毒，可服用十滴水促使呕吐。

2）药物导泻

食物中毒时间超过 2 小时，精神较好者，可服用大黄 30克，一次煎服；老年体质较好者，可服用番泻叶 15 克，一次煎服或用开水冲服。

3）解毒护胃

①食醋 100 毫升加水 200 毫升，稀释后服下。

②30 克紫苏、10 克生甘草一次煎服。

③口服牛奶和生鸡蛋清，以保护胃黏膜，减少毒物刺激，中和解毒。

4）对昏迷者不宜催吐

如果中毒者已发生昏迷，则禁止对其催吐。因为在昏迷状态下，催吐可使残留于胃内的毒物堵塞气管，引起呼吸困难，甚至窒息。

5）就地对中毒食物封存对餐具等用品消毒

对发生食物中毒的现场，应就地收集和封存一切可疑的中毒食物，对细菌毒素或真菌食物中毒、化学性食物中毒，以及不明原因的食物中毒，所剩食物均应烧毁或深埋。与中毒食物接触的用具、容器等要彻底清洗消毒，可用碱水清洗，然后煮沸；不能煮沸的用 0.15% 漂白粉浸泡 10 ~ 20 分钟，然后清洗干净。

发现食物中毒，应及时向所在地卫生行政部门报告，尽快送病重者到医院救治。

40. 毒蛇咬伤

蛇毒主要含蛋白质、多肽类及多种酶，依成分作用不同可分为神经毒、血液循环毒和混合毒（含神经毒素的毒蛇有金、银环蛇及海蛇；含血液循环毒素的毒蛇有蝰蛇、五步蛇；含混合毒素的毒蛇有眼镜蛇及蝮蛇等）。

毒蛇的头部多呈三角形，颈部较细，尾部短粗，色斑较艳。毒蛇最重要的标志，是牙裂前端有两颗粗大的毒牙，被毒蛇咬后，被咬的地方会留下两排牙痕，顶端的两个牙痕尤为粗而深。被蛇咬伤后应密切观察是否出现中毒症状，如果无法确定是否为毒蛇咬伤，则应按被毒蛇咬伤急救。

（1）常见症状

1）神经毒素中毒

伤部症状较轻，仅有麻木感，无肿胀渗液。伤后 1 ~ 3 小时，出现全身症状，并发展迅速，有头昏、头痛、嗜睡、萎靡、视力模糊、眼睑下垂、声音嘶哑、言语困难、流涎、吞咽障碍、恶心、呕吐、牙齿紧闭、共济失调、瞳孔散大、光反射消失、大小便失禁、发热、寒战。重症者出现肢体瘫痪、惊厥、昏迷、休克、呼吸麻痹。

2）血液循环毒素

中毒伤部位疼痛剧烈、肿胀明显，并迅速向肢体近心端蔓延，伴有出血、水疱、局部坏死，引起淋巴管炎、淋巴结炎、鼻衄、呕吐、咯血、便血、血尿、贫血、溶血性黄疸，病重时出现急性肾功能衰竭、休克等。

3）混合毒素

混合毒素中毒兼有上述两者特征，但不同毒蛇各有侧重，如眼镜蛇以神经毒为主，血液循环毒为次；蝮蛇以血液毒为主，神经毒次之。

（2）急救措施

1）保持安静，绝对卧床，限制患肢活动。

2）被毒蛇咬伤以后，立即用止血带或其他替代物（撕下衣服或其他带子），在下肢或上肢伤口的近心端 5 厘米处用力勒紧，阻止静脉血和淋巴液回流，防止毒液继续在体内扩散。也可用火柴烧灼伤口，破坏蛇毒毒素，然后捆扎止血带。

如果手指被咬伤，就用带子扎紧手指根部；前臂被咬伤，扎在胳膊肘上方。小腿被咬伤，扎在膝盖上方。要特别注意，每隔 15~20 分钟松绑 1~2 分钟，以防肢体缺血坏死。当伤口得到彻底排毒处理和服用有效蛇药 3~4 小时后，方可解除包扎。

3）头面或躯体部位被毒蛇咬伤时，不可用带子勒。这时加强排毒更显重要，应立即用各种可行的方法吸出毒血，如用拔火罐、吸奶器等负压设备吸引伤口，吸除毒液。紧急时可用嘴吸吮毒汁，急救者吸出毒液后应立即吐出，并用清水或1：5 000高锰酸钾溶液漱口（口腔黏膜有破损或有龋齿的人不能用嘴吸），以免中毒。当伤员有艾滋病、乙型肝炎等血源性传染病时，应慎用口吸排毒。

4）尽快用井水、泉水、茶水、自来水、生理盐水、1：5 000高锰酸钾液、3%双氧水反复冲洗蛇咬的伤口，把留在伤口浅处的毒液冲掉。然后用干净刀片或三棱针在牙痕上做"+"或"++"形切开，深度约1厘米，肿胀部亦可用粗针刺入或做"+"形切口若干以排毒液，接着用拔火罐等负压吸引，还可由近心端向远心端挤压排毒。

5）在进行上述处理的同时，应用最快的方法尽快抬送伤员到医院救治。运送过程中，尽量不让伤员活动，以减少毒液吸收扩散。

6）咬伤超过24小时，肿胀严重时，可用钝针在肿胀下端每隔2~3厘米刺一针孔，使患肢下垂，自上而下按压，使毒汁从针眼流出，每日2~3次，连续2~3天。

41. 中暑

中暑是高温影响下的体温调节功能紊乱，常由烈日暴晒或在高温环境下重体力劳动所致。正常人体温在37摄氏度左右，是通过下丘脑体温调节中枢的作用，使产热与散热取得平衡的结果，当周围环境温度超过皮肤温度时，散热主要靠出汗，以及皮肤表面汗液的蒸发。人体的散热还可通过循环血流，将深部组织的热量带至上下组织，通过扩张的皮肤血管散热，因此经过皮肤血管的血流越多，散热就越多。如果产热大于散热或散热受阻，体内有过量蓄积热，即产生高热中暑。

（1）常见症状

1）先兆中暑为中暑中最轻的一种，表现为在高温条件下劳动或停留一定时间后，出现头昏、头痛、大量出汗、口渴、乏力、注意力不集中等症状，此时的体温可正常或稍高。这类伤员经积极处理后，病情很快会好转，一般不会造成严重后果。

2）轻度中暑往往因先兆中暑未得到及时救治发展而来，除有先兆中暑的症状外，还可同时出现体温升高（通常>38摄氏度）、面色潮红、皮肤灼热；比较严重的可出现呼吸急促、皮肤湿冷、恶心、呕吐、脉搏细弱而快、血压下降等呼吸、循环早衰症状。

3）重症中暑是中暑中最严重的一种，多见于年老、体弱者，往往以突然谵妄或昏迷起病、出汗停止为其前驱症状。伤员昏迷，体温常在40摄氏度以上，皮肤干燥、灼热，呼吸快、脉搏超过140次/分。这类伤员治疗效果很大程度上取决于抢救是否及时。因此，一旦发生中暑，应尽快将伤员体温降至正常或接近正常。

（2）急救措施

1）搬移

迅速将伤员抬到通风、阴凉、干爽的地方，使其平卧并解开衣扣，松开或脱去衣服，如衣服被汗水湿透应更换衣服。

2）降温

降温的方法有物理和药理两种。物理降温简便安全，通常是在伤员颈项、头顶、头枕部、腋下及腹股沟加置冰袋，或用凉水加少许酒精擦浴，一般持续半小时左右；同时可用电风扇向伤员吹风以增加降温效果；有条件的也可用降温毯给予降温。药物降温效果比物理方式好，常用药为氯丙嗪，但应在医护人员的指导下使用。不要快速降低伤员体温，当体温降至38 摄氏度以下时，要停止一切冷敷等强降温措施。

3）补水

伤员仍有意识时，可喝一些清凉饮料，及 0.3% 的冰盐水或十滴水、人丹等防暑药。在补充水分时，可加入少量盐或小苏打水，或静脉滴注 5% 葡萄糖盐水。但千万不可急于补充大量水分，否则会引起呕吐、腹痛、恶心等症状。

4）促醒

伤员若已失去知觉，可指掐人中、合谷、涌泉、曲池等穴，使其苏醒。若呼吸停止，应立即实施人工呼吸。

5）转送

对于重症中暑伤员，必须立即送往医院诊治。应用担架搬运伤员，不可使伤员步行，同时运送途中要注意保护大脑、心肺等重要脏器。

42. 冷冻伤

低温引起人体的损伤为冷冻伤，分为非冻结性冷伤和冻结性冷伤。

（1）常见症状

1）非冻结性冷伤

由 10 摄氏度以下至冰点以上的低温，加以潮湿条件所造成，如冻疮、战壕足、浸渍足。暴露在冰点以下低温的机体局部皮肤、血管发生收缩，血流缓慢，影响细胞代谢。当局部达到常温后，血管扩张、充血、有渗液。症状有足、手和耳部红肿，伴痒感或刺痛，有水疱，合并感染后发生糜烂或溃疡。

2）冻结性冷伤

大多发生于意外事故或战争时期，人体接触冰点以下的低温和野外遇暴风雪，掉入冰雪中或不慎被制冷剂如液氮、干冰损伤所致。冻结性冷伤共分为四度。

Ⅰ度冻伤：伤及表皮层。局部红肿，有发热，痒、刺痛感。数天后干痂脱落而愈，不留瘢痕。

Ⅱ度冻伤：损伤达真皮层。局部红肿明显，有水疱形成，有疼痛感，若无感染，局部结痂愈合，很少有瘢痕。

Ⅲ度冻伤：伤及皮肤全层和深达皮下组织。创面由苍白变为黑褐色，周围红肿、有疼痛感，有血性水疱。若无感染，坏死组织干燥成痂，愈合后留有瘢痕，且恢复慢。

Ⅳ度冻伤：伤及肌肉、骨等组织。局部似Ⅱ度冻伤，治愈后留有功能障碍或致残。

（2）急救措施

1）非冻结性冷伤

局部表皮涂冻疮膏，每日温敷 2~3 次。有糜烂或溃疡者可使用抗生药和皮质软膏。

2）冻结性冷伤

首先使伤员脱离低温环境和冰冻物体。衣服、鞋袜等同肢体冻结者勿用火烘烤，应用温水（40摄氏度左右）融化后脱下或剪掉。然后用38~40摄氏度温水浸泡伤肢或浸浴全身，水温要稳定，使局部在20分钟、全身在半小时内复温，以肢体红润，皮温达36摄氏度左右为宜。对呼吸心跳骤停者，施行心肺复苏。

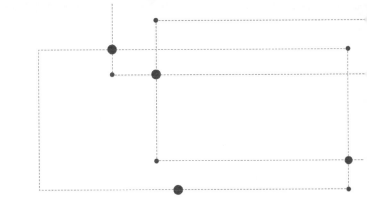

第 7 章

伤后康复保养知识

43. 创伤后应激障碍的恢复

创伤后应激障碍（post-traumatic stress disorder，PTSD），曾被称为炮弹休克或战斗疲劳综合征，是指个体经历或目睹发生严重身体伤害或受到严重身体伤害威胁的创伤事件或恐怖事件后患上的一种严重疾病。创伤后应激障碍是性侵害或身体伤害、亲人意外死亡、意外事故、战争或自然灾害等让人精神受创的经历造成的持续后果，会引起强烈恐惧、无助或惊恐。受害者家属、急救人员和救援人员也可能会出现创伤后应激障碍。

创伤后应激障碍的症状出现的时间、严重程度和持续时间各不相同，有些人可能在半年内恢复健康，有些人可能会受到更长时间的折磨。

（1）创伤后应激障碍的症状

创伤后应激障碍的症状通常分为以下四类。

1）再体验

创伤后应激障碍患者的思维和记忆中反复涌现创伤经历，可能表现为记忆闪回、幻觉和噩梦。特定事物可以令他们回想起创伤事件，患者会感到极度痛苦。

2）回避

患者会回避可能会使其回忆起创伤事件的人物、地点、思维或情境。这可能导致患者被家人或朋友孤立，并对曾经喜欢的活动失去兴趣。

3）警觉性增高

主要表现为情绪过激、感觉或情感等人际交往出现问题、睡眠障碍、易怒、突然大发雷霆、难以集中注意力以及"惊跳反应增强"或容易受到惊吓。还可能表现为血压升高和心率加快、呼吸急促、肌肉紧张、恶心和腹泻等生理反应。

4）消极的认知和情绪

主要表现为忧愁、悲伤、愤怒、紧张、焦虑、痛苦、恐惧、憎恨等，逐渐丧失对生活的热爱，对生活中的人、事、物一直持有悲观的态度，总是难以较好地完成自己的工作。

（2）创伤后应激障碍的干预

一些研究表明，对遭受创伤的人进行早期干预可能会减轻创伤后应激障碍的某些症状或同时预防创伤后应激障碍症。创伤后应激障碍治疗的目标是缓解情绪和生理症状，改善日常功能和帮助人们更好地应对触发疾病的时间。创伤后应激障碍的治疗可能会涉及药物治疗和心理治疗。

药物治疗是指医生使用某些抗抑郁药治疗创伤后应激障碍，并控制其相关症状。如哌唑嗪可用于改善噩梦问题，普萘洛尔有助于最大限度地减少创伤记忆的形成。

心理治疗包括帮助患者学习各种技巧来控制症状并制定应对措施，同时要让患者及其家属了解创伤后应激障碍，来帮助患者克服与创伤事件相关的恐惧。以下几种心理治疗方法可以用于治疗创伤后应激障碍患者。

1）认知行为疗法：包括学习识别和改变导致负面情绪、感觉和行为的思维模式。

2）延长暴露疗法：在一个控制良好且安全的环境中，完成一种让人再体验创伤经历或使人暴露于导致焦虑的物体或情境中的行为疗法。延长暴露疗法可以帮助人们面对恐惧，并逐渐适应令人恐惧和引起焦虑的情境，在治疗创伤后应激障碍方面非常成功。

3）心理动力疗法：侧重于帮助人们审视个人价值观和创伤事件引起的情感冲突。

4）家庭治疗：家庭也可以对患者的康复提供帮助。

5）团体疗法：与经历创伤事件的其他人分享想法、恐惧和感觉，可能会有所帮助。

6）眼动脱敏与再加工疗法：一种较为复杂的心理治疗形式，最初旨在减轻与创伤记忆相关的痛苦，还可以用于治疗恐惧症。

（3）创伤后应激障碍患者日常应对方法

1）了解关于创伤后应激障碍的知识，暗示自己不是孤立无援的、脆弱的，或者失常的人。这种反应是人类对于灾难的正常应激机能，要能够意识到自己出现紧张的症状。

2）和亲人、朋友、医生讲述自己的感受和症状。

3）与其他创伤后应激障碍患者们建立联系，彼此支持。

4）可以使用洗澡、听音乐、深呼吸、沉思、瑜伽、祈祷或锻炼的方式来放松。

5）可以更投入地工作，或参与社区活动，转移注意力。

6）健康饮食、饮水，保证足够睡眠，不能靠喝酒、吸毒、吸烟等方式来逃避创伤。

7）如果出现自杀念头，要及时告诉自己信任的家人、朋友或医生。

8）若某种方法已经不能够有效控制症状，要马上向心理医生寻求帮助。

44. 伤口的康复保养

伤口是正常皮肤组织在致伤因子作用下造成的组织损伤或缺损，在皮肤完整性遭到破坏以及一部分正常组织丢失的同时，皮肤的正常功能受损。根据愈合时间的长短，伤口一般可以分为急性伤口和慢性伤口两类。

急性伤口是指机体遭受创伤后所造成的组织的损伤或缺损，常常在两个星期内自动愈合，包括手术后切口、烧伤、皮肤擦伤等。慢性伤口是因伤口感染、异物残留等导致伤口愈合过程受阻，愈合时间超过两个星期的伤口，包括压疮、糖尿病足、溃疡等。

（1）影响伤口愈合的因素

影响伤口愈合的因素分为全身性因素和局部性因素两种。

1）全身性因素

①年龄。随着年龄增长，组织中纤维细胞的形成周期明显延长，新血管与胶原蛋白合成减少，皮脂腺分泌功能降低，再生能力减弱。

②营养不良。营养不良会造成免疫力和应激代谢调节能力下降，肌肉萎缩，皮下脂肪减少，缺乏肌肉和脂肪保护的骶尾部、髋部、足跟部等部位对压迫的耐受能力下降，一旦受压容易引起血液循环障碍，导致压疮的产生。

③血液循环系统功能状态。如果血栓、血管硬化或狭窄可能会导致供血不足，静脉功能不全可能会导致组织水肿，这些都不利于伤口的愈合。

④潜在性或伴发疾病。如果伤员有糖尿病史，或伴发肾功能衰竭、神经系统障碍、凝血功能障碍、免疫力低下等疾病，则不利于伤口的愈合。治疗这些疾病所使用的化疗药物、类固醇药物、抗炎药物等也会对伤口的愈合产生影响。

⑤肥胖及吸烟。肥胖影响心肺、免疫和血小板的止血功能，尼古丁影响血管的收缩功能。

⑥心理状态。精神压力大、患有抑郁症或失眠的伤员自身免疫力差，同时也会影响食欲，导致营养摄入不足。长期的不良应激状态容易引起代谢紊乱和机体的高消耗、皮肤再生能力降低，减弱机体对感染性疾病的抵抗力。

2）局部因素

①不当的局部处理措施。如不当的外用药或敷料、刺激性的伤口清洗液、不当的按摩、烤灯等。

②伤口的温度和湿度。保持创面温度接近或恒定在人体常温 37 摄氏度时，细胞有丝分裂速度增加 108%，同时保持伤口适当的湿度可以促进表皮细胞增生速度增快 50%，此时最有利于伤口的康复。

③微生物感染。当白细胞不能抑制大量细菌的活动时，伤口被感染，可能会出现局部红、肿、热、痛和脓性分泌物或渗出物。

④异物。异物包括细菌、坏死组织细胞碎片、痂皮、外科缝线、伤口敷料残留物等。异物是培养细菌的温床，会影响伤口的收缩过程。

⑤活动。邻近关节的伤口如果过早活动，会加重炎症渗出，引起肿胀，影响供血，极易损伤新生的肉芽组织，不利于神经、血管、肌腱的恢复。

⑥血流量和氧张力。良好的局部血液循环，既能保证所需要的营养和充足的免疫细胞，也有利于吸收坏死物质，减少细菌繁殖的机会，从而令伤口得以快速愈合。但局部的供氧不能加速伤口的愈合，只有提高血氧分压才有利于伤口愈合。

⑦手术操作。手术中过度牵拉、皮瓣分离失当、伤口包扎过紧可能使皮缘缺血缺氧，对伤口产生不利影响。

（2）注意事项

伴随创伤局部的修复，伤员全身情况也不断得到改善。创伤后的全身恢复虽无一个明确的转折点，但在临床上有一定的表现，如伤员食欲不断增加，对周围环境及人、物感兴趣，并愿坐起或下床活动；伤员的肌肉蛋白质合成迅速，肌肉逐渐变得有力、丰满；伤员可以行走、上楼；伤员体重逐渐增加；创伤后消耗丧失的脂肪也不断恢复，脂肪恢复可持续很长时期，有时甚至可引起肥胖。这时的注意事项主要有以下两点。

1) 预防感染

开放性创伤即使经过清创，也可能会发生感染，特别在污染严重、失活组织较多的伤口，腹部、会阴部及口腔颌面部的伤口，更易引起感染。因此，应结合具体情况应用。此外，开放性创伤伤员应接受抗毒血清或类毒素治疗以预防破伤风。

2) 预防休克及多系统器官功能衰竭

严重创伤常可引起休克，早期由于出血、低血容量所致；后期可因严重感染引起。此外严重创伤还可引起创伤部位以外的不同系统、各种器官功能失常、紊乱和衰竭,最常见的有肝、肾、肺、脑功能衰竭。

(3) 压疮的预防

对于脊柱损伤和需要长期卧床的病人,家属要尤其注意预防压疮的产生。对于很多疾病的晚期病人,一旦发生皮肤损伤,尤其是压疮,要解决它是极其困难的。因此做好病人的皮肤护理工作,预防压疮的产生对病人的康复尤为重要。

下面介绍预防压疮的有效措施。

1) 定时翻身

皮肤毛细血管承受压力为 2.01~4.4 千帕,最长时间为 2 小时。应当每隔 2 小时为病人翻身一次。病人的体位放置应当尽量避免 90 度侧卧位,而采取 30 度倾斜。

2) 缓解压力

可以对病人进行减压护理。常用的减压用品有轮流充气床垫、水床、海绵垫、软枕、水垫等。

3) 正确翻身和移动病人

移动病人时,应当抬高病人后再移动,不要将病人在床单上拖拉。病人的半卧位和坐位的时间每次不应当超过 30 分钟。

4) 减少摩擦

对病人使用保护性敷料和润滑剂。高危人群(急重症、手术时间长、术后不能下地的病人)可在受压部位贴美皮康敷料。

5) 皮肤护理

使用防压疮皮肤护理液,如赛肤润。皮肤护理液可以改善皮肤微循环、营养状况,提高皮肤的抵抗力。

45. 骨折后的康复保养知识

复位、固定和功能锻炼是现代医学治疗骨折的三个主要环节，功能锻炼则是康复治疗的主要手段。各种类型的骨折，如开放性或闭合性的骨折，在经过妥善复位、固定处理后均应及时开始康复治疗。康复治疗包括局部或全面的功能锻炼和理疗。

尽早康复治疗有助于促进骨折的愈合，防止和减少并发症、后遗症等。骨科治疗和康复治疗的目的都是功能恢复，二者应当密切配合。

（1）康复评定

骨折的愈合过程一般分为四个阶段。

1）第一阶段为外伤炎症期，在伤后 1~2 周，血肿形成，组织液渗出、出现水肿，并在其后被逐渐吸收，骨的断端处出现纤维性连接。临床症状主要为肿、痛、功能障碍等，因断端不稳，此时伤员需要整复固定。

2）第二阶段为骨痂形成期，在伤后 3~4 周，骨折部位的纤维连接处开始有骨痂出现，骨折断端相对稳定。此时伤员的疼痛基本消失，水肿明显好转，但仍需要固定。

3）第三阶段为骨痂成熟期，在伤后的 5~7 周，局部受损的软组织完全恢复，断端形成足以维持稳定的骨痂。此时伤员除了肌肉力量弱和关节功能差，其他症状基本消失。

4）第四阶段为临床愈合期，在伤后的 8~10 周，外固定已经被除去，但需要治疗关节因制动造成的障碍和肌肉失用性萎缩。并且，这一阶段仍需注意骨折后遗症的处理，如瘢痕、粘连、神经损伤等。

（2）康复治疗的原则

1）治疗时必须保持骨折的对位和对线。

2）运动疗法和物理治疗均应以恢复肢体原有功能为目标。

3）在骨折愈合的不同阶段，应有重点地采用综合性康复治疗手段。

（3）康复治疗的目的

1）促进血肿和渗液尽快吸收，止痛。

2）加速骨折断端的纤维性连接和骨痂的形成。

3）防止肌肉萎缩和关节僵硬。

4）防止严重骨折伤员卧床时发生并发症。

（4）骨折不同阶段的康复治疗方法

1）外伤炎症期

①运动疗法：在急救后 1~2 天开始，原则是动静结合、局部和全身并重。

A. 应做伤肢近端与远端未被固定的关节所有活动轴位上的运动，如握拳、伸指、分指、屈伸、腕绕环等，以主动运动为主，必要时进行助力运动，争取逐步恢复正常活动的幅度。上肢骨折的伤员应当尽早下床活动，同时注意保持肩关节外展、外旋和掌指关节屈曲与拇外展的正常活动幅度。如下肢骨折应当特别重视踝背伸的运动幅度，防止踝下垂，在情况许可时尽早下床活动。

B. 骨折端复位基本稳定，没有明显疼痛后可以开始有节奏的肌肉练习，以防止或减轻粘连和失用性萎缩。伤员每日至少进行 3 次患肢肌肉等长收缩训练，每次大约需要 5～10 分钟或更长时间，但每次都要以不引起肌肉过劳为准。

C. 当骨折涉及关节面时，应当在固定 2～3 周后，每日除去外固定物，做受累关节不负重的主动运动，并在运动后重新固定，每日 1～2 次。开始运动时，幅度不宜过大，重复次数不应过多，在训练中逐渐增大运动幅度、运动程度和重复次数。

D. 每日至少进行 3 次深呼吸运动，每次 3 分钟，促进全身循环，防止发生呼吸道并发症。

②物理疗法：应当在急救处理后 1 日开始。

A. 温热疗法：传导疗法（如蜡疗、中药熨敷）、辐射疗法（如红外线、光浴、频谱治疗仪等）均可应用。伤员使用骨牵引或石膏托时，可以局部直接治疗。伤员使用管性石膏固定时可以开窗治疗或于固定两端进行，也可以在健肢相应部位治疗，通过反射作用，改善患肢血液循环，促进吸收，加速愈合。每日治疗 1～2 次，每次 30 分钟。

B. 超短波治疗：在骨折断端对置电极，使用中等剂量。每日治疗 1～2 次，每次 20 分钟，10 次治疗为 1 疗程。这种方法可以在石膏外进行，有金属板内固定的伤员禁止使用此法。

C. 直流电钙磷离子导入法：局部开窗，断端相应部位对置电极，电量适中。治疗每日 1 次，每次 20 分钟，10 次为 1 疗程。这种方法有助于骨痂的形成，尤其对于骨痂形成不良、愈合慢的伤员有很好的作用。

D. 超声波疗法：这个方法应局部使用，以接触法移动，剂量小于1.0瓦/平方厘米，每次治疗5~10分钟，10次为1疗程。这种方法的消肿作用明显，可以促进骨痂的生长。

E. 低强度磁场疗法：这个方法应局部使用，以接触法移动，剂量在0.02~0.03特斯拉，每日1次即可。

F. 光疗法：目的在于改善局部血液循环和营养，促进局部渗液和代谢产物的吸收，活跃细胞代谢，促进组织再生，有利于骨痂的形成。常用的有红外线、紫外线、白炽灯等。

③按摩：在固定部位的近心端，做向心手法按摩，可以促进血液回流、消退水肿，防止肌肉失用性萎缩和关节挛缩。一般每日按摩1~2次，每次15分钟左右，伤员也可以自我按摩。

2）骨痂形成期

主要的治疗目的是促进骨痂的形成，其他目的与外伤炎症期相同。

①运动疗法：这一时期骨折断端开始出现骨痂，骨折病情已经比较稳定，运动量应该逐渐增加。除了让患肢延长收缩时间、增加力度外，还应当做非固定关节的主动运动和相关肌肉的抗阻练习。同时，应当加大全身运动量，增加离床时间。如果非制动关节活动减少，应该做被动运动。伤员每日至少运动2次，每次时间不少于20分钟。

②物理疗法：跟上一时期相同，但直流电钙磷离子导入法和按摩更加重要。

③职业疗法和日常生活活动训练：上肢以手功能训练为主，下肢则以练习站立持重为主。

3）骨痂成熟期和临床愈合期

①运动疗法：外固定除去后，原制动关节比较僵硬，活动范围明显减小，相应的肌肉萎缩力弱。此时应该逐渐加大运动量，并以主动运动为主，必要时辅以被动运动和抗阻运动。

②物理治疗：这时应重点解决骨折后遗症。

A. 对于瘢痕及粘连后遗症，可以做直流电离子导入、超声波、温热疗法等治疗。

B. 如果有关节挛缩，可以配合运动疗法，做温热治疗、被动运动、水疗等。挛缩较重的伤员可以做关节功能牵引治疗，非治疗时间用支架（石膏托或甲板）支持，来提高疗效，且支架应该随关节活动逐步更换。

C. 有合并周围神经损伤时，应进行直流电离子导入、中频电疗等治疗。

③职业疗法和日常生活活动训练：除上肢以手功能训练为主，下肢练习站立持重外，应当着重做就业前训练。

（5）骨折后的注意事项

1）避免盲目补钙

发生骨折之后，伤员的行动会受到阻碍，钙质消耗也会减少，并不需过度补钙。如果补钙过多，有可能会引起一些不良的后果，如血钙浓度过大。

2）饮食宜清淡

骨折的初期饮食应该保证清淡，如果过多吃肉或过多饮用骨头汤，反而会起到反作用。因为骨头汤当中的钙元素和磷元素含量比较多，容易使骨质当中的无机盐成分增加，对骨折部位的愈合并没有好处。

3）多喝水

骨折伤员本身就需要卧床休息，活动量明显减少，肠蠕动的速度也减弱很多。如果饮水量过少，容易引起便秘。如果是长期卧床，有可能造成小便潴留，诱发泌尿系统感染，所以骨折伤员要多喝水。

4）外固定不能太紧

若骨折伤员需要进行外固定治疗，应该注意观察石膏或者甲板固定的松紧度，避免固定过紧。若发现骨折远端严重肿胀或皮肤发紫，需要及时就医。

5）抬高患肢

骨折之后应该抬高患肢，这样能够使静脉血尽快回流进入心脏，防止患处出现过度肿胀的问题。